ANQUAN SHENGCHAN GAIGE FAZHAN
ZHANLUE YANJIU

安全生产
改革发展战略研究

赵一归 刘毅 著

中国言实出版社

图书在版编目（CIP）数据

安全生产改革发展战略研究 / 赵一归 , 刘毅著 . --
北京 : 中国言实出版社, 2023.11
ISBN 978-7-5171-4593-6

Ⅰ . ①安⋯ Ⅱ . ①赵⋯ ②刘⋯ Ⅲ . ①安全生产—体
制改革—研究—中国 Ⅳ .①X93

中国国家版本馆 CIP 数据核字 (2023) 第 226179 号

安全生产改革发展战略研究

责任编辑：王蕙子
责任校对：佟贵兆

出版发行：中国言实出版社
   地 址：北京市朝阳区北苑路180号加利大厦5号楼105室
   邮 编：100101
   编辑部：北京市海淀区花园路6号院B座6层
   邮 编：100088
   电 话：010-64924853（总编室） 010-64924716（发行部）
   网 址：www.zgyscbs.cn 电子邮箱：zgyscbs@263.net

经 销：新华书店
印 刷：北京虎彩文化传播有限公司
版 次：2023年12月第1版 2024年3月第2次印刷
规 格：710毫米×1000毫米 1/16 10.75印张
字 数：167千字

定 价：45.00元
书 号：ISBN 978-7-5171-4593-6

前　言

　　安全生产是最基本的民生。党中央、国务院高度重视安全生产工作，党的十八大以来作出一系列重大决策部署，推动全国安全生产工作取得积极进展。在党中央、国务院的正确领导下，各地区、各部门和各单位齐心协力、开拓进取，推动安全生产事业不断发展进步，安全发展理念在全社会不断弘扬和强化，以《中华人民共和国安全生产法》（全书以下简称《安全生产法》）为基础的安全生产法律法规和标准规范体系初步形成，安全生产责任体系逐步健全，专项治理、隐患排查、安全巡查、责任考核等机制不断完善，安全生产科技、安全文化和应急救援等基础工作持续加强。

　　2016 年与 2002 年相比，在经济总量增长 6.1 倍的情况下，生产安全事故总量由 107 万起、死亡近 14 万人的最高峰，降至 6.3 万起、死亡 4.3 万人，分别下降 94.1%、69.3%，连续 14 年"双下降"；重特大生产安全事故起数和死亡人数分别下降 75%、75.7%。2016 年与 2005 年相比，亿元 GDP 生产安全事故死亡率、工矿商贸就业人员十万人事故死亡率、煤矿百万吨死亡率、道路交通万车死亡率分别下降 91.7%、78.9%、94.5%、71.8%，全国安全生产状况呈现持续稳定好转的态势。但是，我国仍处于工业化、城镇化加快发展过程中，生产经营规模不断扩大，传统和新型生产经营方式并存，新材料、新能源、新工艺广泛运用，新产业、新业态大量涌现，一些"想不到、管不到"的问题还十分突出。各类事故隐患和安全风险交织叠加，生产安全事故依然易发多发，尤其是重特大生产安全事故频发势头尚未得到有效遏制，一些事故由高危行业领域向其他行业领域蔓延，直接危及生产安全和公共安全。近年发生的吉林德惠"6·3"、山东青岛"11·22"、江苏昆山"8·2"、天津"8·12"、深圳"12·20"和江西丰城"11·24"等多起重特大生产安全事故，给人民群众生命财产安全造成巨大损失。

　　同时，我国安全生产体制机制法制仍然面临一些突出问题，主要是一些地方"党政同责、一岗双责、齐抓共管、失职追责"规定不明确、责任不明晰不落实，安全监管体系不完善不严密、存在漏洞，安全生产法治不彰及法规标准体系不健全、有法不遵、执法不严，防范工作不系统、不持续和企业主体责任不落实，职业病防治体系不健全、能力不足，应急救援管理体系不适应，安全生产基础薄弱，市场机制不完善、激励约束作用不强，从业人员安全技能素质偏低等深层次矛盾和突出问题。正如习近平总书记指出：像深圳这样现代化的城市、经济特区竟然发生这么严重的安全事故，青岛、天津、深圳接二连三发生安全事故，暴露出城市管理还存在不少短板。这些深层次矛盾和问题严重影响我国安全生产事业发展进步，必须以改革创新的勇气和魄力，采取系统性、根本性和综合性的政策制度措施加以解决。2016 年 10 月，在中央全面深化改革领导小组第 28 次会议上，习近平总书记明确指出：推进安全生产领域改革，关键是要做出制度性安排，依靠严密的责任体系、严格的法治措施、有效的体制机制、有力的基础保障和完善的系统治理，解决好安全生产领域的突出问题，确保人民群众生命财产安全。

为了进一步加强和改进安全生产工作，提高安全生产整体水平，切实维护人民群众的生命财产安全和健康权益，推进安全生产领域改革发展势在必行。2016 年，受原国家安全监管总局委托，作者组织开展了相关课题研究，全面总结安全生产工作成效及面临的形势，深入分析存在的突出问题和深层次原因，研究提出推进安全生产改革发展战略目标和对策措施建议，为政府部门研究制定相关政策文件提供理论支撑和决策参考。

由于水平有限，加之诸多改革措施和建议也是基于 2016 年的统计数据和实际情况之上，书中难免有不足之处，敬请各位读者理解和指正。

作者

2023 年 4 月 28 日于北京

目　录

总　论

一、安全生产现状与形势分析

二、安全生产领域存在的主要问题

三、安全生产改革发展相关理论研究

四、安全生产改革发展总体思路和战略任务

五、安全生产领域改革发展的对策、措施与建议

专　题

专题一　安全生产责任体系研究

专题二　安全监管监察体制研究

专题三　安全生产法治体系研究

总 论

一、安全生产现状与形势分析

（一）安全生产状况持续稳定好转

党中央、国务院历来高度重视安全生产工作，在体制机制法治等方面先后出台一系列重大决策举措。在党中央、国务院的正确领导下，通过各地区、各部门和各单位的共同努力，全国各类生产安全事故总量、较大事故、重特大事故及事故死亡率连续多年稳定下降，安全生产状况呈现持续稳定好转的态势。

1. 事故总体情况

2002年全国各类生产安全事故起数和死亡人数达到峰值。2002年以后，事故起数和死亡人数连续14年双下降。其中2002—2008年，事故总起数和死亡人数下降幅度较大；2008年以后，下降幅度较小。2016年，全国共发生各类事故6.3万起、死亡4.3万人，与2002年相比分别下降94.1%、69.3%（2016年由于统计口径变化，数据出现突变）。

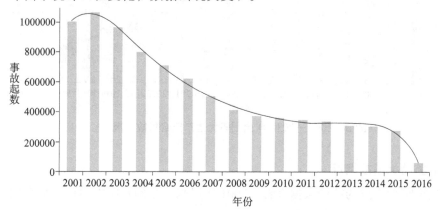

图1　2001—2016年全国生产安全事故起数情况

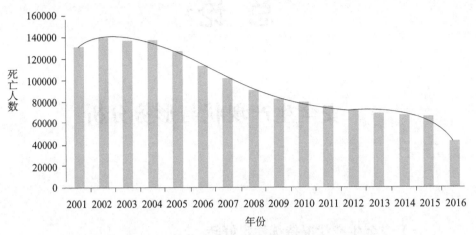

图 2　2001—2016 年全国生产安全事故死亡人数情况

2. 较大事故情况

从较大事故的统计数据来看，2001 年以来，全国较大生产安全事故起数和死亡人数总体上呈先上升后持续下降的趋势。其中，2004 年较大事故起数和死亡人数达到峰值，此后逐年下降，2016 年共发生较大事故 749 起，死亡 2854 人，达到历史最好水平。

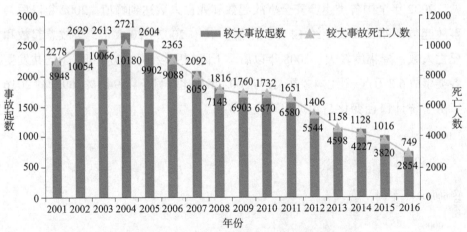

图 3　2001—2016 年全国较大生产安全事故情况

3. 重特大事故情况

从重特大事故的统计数据来看，2001 年以来，全国重特大生产安全事故起数和死亡人数总体上呈先小幅上升后总体下降的趋势。其中，2005 年重特大事故起数和死亡人数达到峰值，共发生重特大事故 134 起，死亡 3049 人。此后除个别年份出现波动外，重特大事故开始快速下降，2016 年共发生重特大事故 32 起，死亡 571 人。

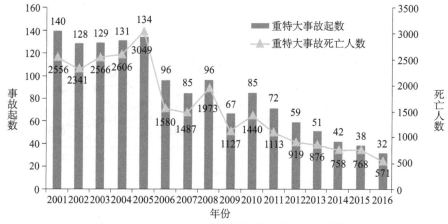

图 4　2001—2016 年全国重特大生产安全事故情况

4. 事故死亡率情况

国家统计局年度国民经济和社会发展统计公报中的安全生产统计指标包括亿元国内生产总值生产安全事故死亡率、工矿商贸就业人员十万人生产安全事故死亡率、道路交通万车死亡率和煤矿百万吨死亡率四项数据，它们是反映安全生产水平的重要指标。图 5（下页）列举了 2005—2016 年上述四项数据的变化曲线，总体来看均呈持续下降趋势。其中亿元 GDP 死亡率由 2005 年的近 0.7 下降至 2016 后的 0.058；工矿商贸十万人死亡率由 2005 年的 3.85 下降至 2016 后的 0.81，十余年来下降近 80%，表明在我国现代化进程当中，尽管经济高速发展，就业人员不断攀升，但安全生产状况依然保持稳定。

这一趋势现状在道路交通领域和煤矿行业也得以充分体现：道路交通方面，2005 年全国机动车保有量约为 1.3 亿辆、道路交通事故死亡人数约为 9.9 万，2016 年机动车保有量约为 2.9 亿辆、事故死亡人数降至 6.3 万，分别增长 123.1%、下降 36.4%，万车死亡率由 2005 年的 7.6 减少至 2016 年的 2.14，下降 71.8%。煤矿方面，2005 年全国原煤产量为 21.1 亿吨、死亡人数为 5938 人，2016 年原煤产量达到 34.1 亿吨、事故死亡人数降至 538 人，分别增长 61.6%、下降 90.9%，百万吨死亡率由 2005 年的 2.811 减少至 2016 年的 0.156，下降 94.5%，煤矿安全生产工作成效十分显著。

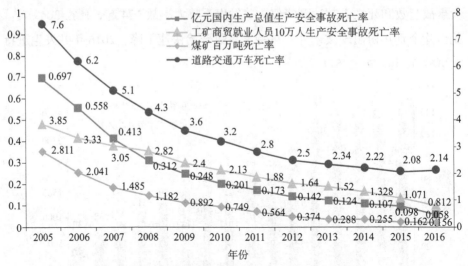

图5　2005—2016年全国生产安全事故死亡率情况

（二）安全生产形势依然严峻

尽管近年来我国安全生产状况持续稳定好转，但形势依然严峻复杂，特别是重特大事故尚未得到有效遏制，安全生产与经济社会高质量发展还难以适应，与党中央、国务院的要求还有距离，与人民群众的期待还有差距。矿山、道路交通、建筑施工等仍是重特大事故多发的行业领域，严重威胁着人民群众生命财产安全。随着我国工业化、城镇化加快发展，生产经营规模不断扩大，传统和新型生产经营方式并存，新材料、新能源、新工艺广泛运用，新产业、新业态大量涌现，一些"想不到、管不到"的问题还十分突出。

1. 各类生产安全事故总量依然较大

2016年为近年来安全生产最好水平，但仍然发生各类生产安全事故6.3万起、死亡4.3万人，平均每天有110多人在事故中失去生命，再加上数倍的伤残人员，仍然是令人触目惊心的数字，反映出部分企业安全生产主体责任不落实，违法违规行为屡禁不止，一些行业领域技术装备落后，人员素质差，现场管理混乱，行业整体发展不平衡不充分等问题，严重制约经济社会持续健康发展。

2. 部分行业领域事故频发多发

在2016年各行业领域发生的生产安全事故中，交通运输事故起数和死亡人数最多，分别占全年事故总数和死亡人数的83.5%和76.4%。随着经济社会快速发展，基础建设投入规模不断增大，建筑业面临人员流动大、露天高空作业多、立体交叉施工复杂、构建物不规则、点多面广等特点，造成事故居高不下，全国建筑行业事故起数和死亡人数位居在各行业领域中位居第二，分别占 5.57% 和 8.84%。

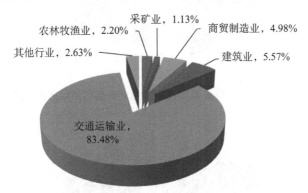

图 6　2016 年各行业领域生产安全事故起数占比图

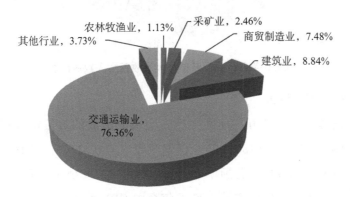

图 7　2016 年各行业领域生产安全事故死亡人数占比图

3. 重特大事故频发势头仍未得到有效遏制

2016 年，全国共发生重特大事故 32 起，为历史上最低，但仍然平均每 11 天就发生一起。一些行业领域重特大事故集中，煤矿、道路交通等行业领域重特大事故较为高发。在 2016 年各行业领域发生的重特大生产安全事故中，交通运输和矿山发生重特大事故起数和死亡人数最多，两者合计事故起数占 71.42%，死亡人数占 71.79%，其中矿山在生产安全事故总起数和总死亡人数占比分别为 1.13% 和 2.46%，但在重特大生产安全事故起数和死亡人数的占比却分别达到 35.71% 和 35.52%。

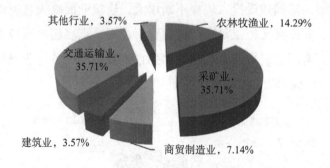

图8　2016 年各行业领域重特大生产安全事故起数占比图

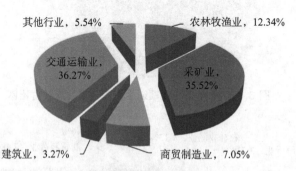

图9　2016 年各行业领域重特大事故死亡人数占比图

4. 事故经济损失巨大

据学者估算，"十二五"期间生产安全事故造成的直接经济损失达到4651 亿元，约占 GDP 的 0.16%，占全国财政收入的 0.72%（《中国安全生产科学技术》2016 年第 6 期，我国"十二五"期间生产安全死亡事故直接经济损失估算，张兴凯）。据此推算，2016 年全国 GDP 为 74.4 万亿元，则生产安全事故造成的直接经济损失约为 1190.4 亿元；若按照海因里希直接经济损失与间接经济损失之比为 1：4 的关系，则事故间接经济损失约为 4761.6 亿元，总经济损失共约为 5952 亿元，接近一个省份的 GDP（甘肃省 GDP 为 7200 亿元、排名 27 位，海南省 GDP 为 4053 亿元、排名 28 位）。

5. 城市居民区和人员密集场所事故增多

近年来，道路交通、危险化学品等与老百姓日常生活紧密相关的行业领域发生了重特大事故，严重冲击人民群众安全感。如青岛黄岛"11·22"输油管道泄漏爆炸、天津港"8·12"火灾爆炸、深圳光明新区"12·20"滑坡等特别重大事故均发生在城市生活区，造成重大人员伤亡，社会影响极其恶劣，损失极其惨重，教训极其深刻。

（三）安全生产面临的机遇与挑战

现阶段我国安全生产工作既面临巨大机遇，也存在严峻挑战，主要体现在以下方面：

1. 中央高度重视为做好安全生产工作提供了强大动力。党的历次中央会议、全国两会、国务院常务会都对安全生产工作作出部署安排。党的十八大以来，习近平总书记多次主持中央政治局常委会和中央政治局专题学习会，听取安全生产工作汇报，就安全生产工作做出重要论述和指示批示，为做好新时期安全生产工作提供了方向指导和强大动力。

2. 人民日益增长的美好生活需要对安全生产工作提出更高要求。安全是老百姓解决温饱后的第一需求，人民群众对美好生活的向往日益增长，首先是对安全和健康的期望日益增长，全社会对安全的关注度越来越高、对事故的容忍度越来越低，安全问题备受关注，安全生产工作成为各级党委政府加强社会管理、维护人民群众生命财产安全的重要任务。顺应人民群众对美好生活的向往，提高人民群众的幸福感、安全感，对于保障国家长治久安具有重大意义，安全生产工作必须回应人民的期盼。

3. 经济社会转型发展为安全生产工作带来了新机遇。我国经济发展已经进入新常态，经济由高速增长转向高质量发展，转方式、调结构已进入深水区，产业升级、淘汰落后产能和过剩产能的力度不断加大，一大批不符合安全生产条件的生产经营单位将退出市场。同时随着现代企业制度改革进一步深化，企业管理水平、技术装备水平、产业工人技能素质等不断提高，全社会法治意识不断增强，都为加强安全生产工作奠定了更好的基础，提供了更好的机遇条件。

4. 经济和人口总量巨大给安全生产带来诸多风险。随着我国经济持续快速增长，生产能力和规模持续扩大，人流、物流、车流大量增加，截至2016年底，全国每天营业性客运量约5200万人，相当于一个中等国家人口数量；机动车保有量2.9亿辆、驾驶人3.6亿，每天约4400万人乘坐地铁、134万人乘坐民航飞机；危化品运输车辆约36万辆，全年道路运输完成危险货物运输量近10亿吨；全国有5550万农民工在工地作业；100米以上的高层建筑近 7000 栋。全国 30 万吨以下小煤矿仍有 4700 多处、占煤矿总数的 59.5%，特别是 9 万吨及以下小煤矿还有 2700 多处、占煤矿总数的 34.2%，大多技术装备水平落后，稍有不慎就有可能引发事故。

5. 新材料新工艺新业态不断涌现给安全生产工作带来了新难题。 我国部分高危行业企业经过多年粗放式增长，聚集了许多安全风险和隐患。随着工业化、城镇化持续快速发展，新业态、新社会组织形式大量涌现，大量新能源、新工艺、新材料广泛应用，新行业新业态大量涌现，一些"想不到、管不到"的领域风险逐步显现、交织叠加，传统行业整体发展质量还很滞后，一些煤电、钢铁企业受产能过剩影响，经济效益下滑，安全投入不足，本质安全水平不高，职工队伍不稳，这些新状况、新问题也为经济高质量发展和安全生产工作带来了新挑战。

6. 城镇化进程加快和乡村振兴战略使安全生产工作面临新情况。 我国现阶段不仅处于一个全面而深刻的经济转型和社会变革时期，同时也正处于大规模的工业化、信息化、城镇化深入推进之中。人口和产业进一步向城市集中，城市规模越来越大、结构越来越复杂；随着农村农业生产经营建设活动大幅增加，农村交通运输、医院、饭店、民宿旅游等大量增多，农民安全意识和技能有待提高，安全风险进一步凸显，必须采取有效措施积极应对，下大力气解决城市快速发展和乡村振兴战略带来的新问题。

二、安全生产领域存在的主要问题

（一）安全生产责任体系不完善

改革开放以来，随着我国经济体制不断变革，安全生产监管监察体制不断变化，相应的安全生产责任制也不断调整完善，但目前仍存在一些突出问题，主要是安全生产责任不明晰、不落实；综合监管和行业监管职责边界不清，随着新情况、新问题、新业态大量出现，"认不清、想不到、管不到"的问题突出，一些重点领域、关键环节存在监管盲区；企业主体责任不落实，90%以上的事故都是企业违法违规生产经营建设所致；安全生产工作考核不规范，重结果、轻过程、权重低，激励约束不强等。

1.党委政府安全生产领导责任亟需强化

（1）一些地方党委政府安全红线意识不强。一些党政领导干部为了地方经济发展和个人政绩，不能处理好安全与发展的关系，招商引资上项目忽视安全风险，甚至为了经济发展降低安全标准和准入门槛，安全生产工作"说起来重要、做起来次要、忙起来不要"的现象普遍存在。

（2）"党政同责、一岗双责"制度仍不健全。由于在国家层面对地方党委政府安全生产责任没有正式、统一、明确的规定，对地方党政领导干部安全生产责任的规定尚未上升到法律法规层面。一些地方对职责缺乏具体规定，职责不够明晰、工作不够到位；一些地方尽管按照党中央、国务院的要求作了初步规定，但还不全面、不具体、不准确，重职责要求，轻责任追究问题比较突出；还有少数地方根本没有作出规定，尚未建立党政领导干部责任制。

（3）安全生产巡查、问责机制不完善。一是安全生产巡查层级偏低，虽然建立了安全生产领域巡查制度，但是与中央环保督查相比，安全生产巡查在力度和级别方面都略显不足。二是问责起点高，近年来安全生产领域党政领导干部问责往往局限在重大事故责任追究上，没有出现重大人员和财产损失一般不会问责。三是问责过程和结果不透明，对党政领导干部问责常用"从快从重"处理相关责任人的方式来表现责任机关对相应事件的重视，存在较多的以政治责任、民主责任、道义责任代替法律责任的现象。

2. 部门安全监管责任划分不清晰

（1）部门安全监管职责缺少法律支撑。安全生产相关法律法规和部门"三定"方案制修订滞后，还没有在法制层面明确相关部门的安全监管责任和权力，地方层面缺乏执法依据，一些部门甚至以此为由不履行安全监管责任。

（2）安全生产综合监管职责不明确。《安全生产法》明确了安全生产监督管理部门的"综合监管"地位，但对于综合监管的内涵、职责、方式，目前仍然缺少具体明确的规定，从而形成"综合监管"就是"无所不管"的误区或者"没人管的你来管"的误区，无论哪个行业领域出了生产安全事故，都要追究安全监管部门责任，导致综合监管责任无限大而实际无法真正落实，且越到基层越凸显。在实际工作中出现涉及一些部门或行业（领域）的安全监管职责交叉或者不落实，综合监管协调工作难度大。

（3）安全监管部门职责定位不清。安全监管部门开展监督检查尤其是对危险化学品企业，涉及较多防火、防爆及特种设备的监督检查事项，与消防、质检等部门职责交叉。本应以执法为主要任务的基层安全监管部门多在接受、陪同检查，而企业面临省、市、县甚至乡镇街道安全监管部门及相关行业管理部门的多重执法，甚至影响其正常的生产经营。

3. 企业安全生产主体责任不落实

（1）中小微企业安全生产基础薄弱。截止2016年末，我国共有企业法人1461.85万个，其中近1400万企业法人是规模以下企业和小微企业，其中大部分中小微企业主要负责人的安全认识不到位、安全管理水平普遍不高；安全管理人员业务水平不强、学历较低；安全生产意识不强，安全生产法律法规不落实，防护措施不到位等问题。如吉林德惠"6·3"特别重大火灾爆炸事故暴露出宝源丰公司在厂房建设过程中偷工减料、从未组织开展过安全宣传教育，没有建立健全、更没有落实安全生产责任制、未按照有关规定对重大危险源进行监控、未对存在的重大隐患进行排查治理等主体责任不落实的问题。

（2）大型跨国企业安全生产责任链长。随着企业生产经营规模的扩大，企业并购成为常态，一些国有企业改制发展成为混合所有制企业，一些跨行业、跨地区乃至跨国的大型企业集团不断产生，管理层级多、责任链长。从一些重特大生产安全事故反映的情况看，此类企业重投资效益、轻安全管理的问题突出。

（3）对事故企业责任追究偏松偏软。现有的刑法在事故前的责任追究震慑力不足。事后的查处又偏重追究政府和监管人员责任，对企业追责力度不够，没有突出企业主体责任，弱化了责任追究的惩戒作用。此外，重特大安全生产事故发生后，如果是在单位强令作业人员从事违反管理规定行为（行为产生的利益归属于单位）的情况下，仅追究单位负责人的刑事责任，未对生产经营单位处以惩罚性赔偿。

（二）安全监管监察体制不健全

由于我国安全生产管理体制历经多次变革，目前的监管监察体制建立时间不长，在实际运行中仍然存在安全生产综合监管职责定位不明确，行业监管边界不清晰，安全生产监管职能存在交叉或漏洞，非煤矿山、危险化学品等高危行业领域监管力量薄弱，一些海油开采、港口企业安全监管政企不分，功能区安全生产监管机构不完善，基层监管执法人员力量不足等问题。

1. 安全生产领导协调力度不够

（1）各级安委会组织领导仍需强化。安委会是协调安全生产工作的重要平台，但组织领导能力还不够强。目前，地方各级安委会主任通常由政府主要负责人担任，但全国只有6个省份和新疆生产建设兵团是党委常委或政府常务分管安全生产工作，很多地方分管安全生产工作的多是新任命、排名末尾的领导，在组织协调相关部门，尤其是党委部门、司法机关等单位时，难免会力不从心。

（2）安委会办公室职能亟待强化。安全生产委员会属非常设机构，其办公室大都设在安全监管部门，但各级安全监管部门多为政府直属机构，在指导协调、监督检查、巡查考核其他部门，尤其是公安、交运、住建、卫计等强势部门时，显得底气不足、协调乏力。

2. 部分行业领域安全监管体制不顺

（1）矿山安全监管监察体制有待进一步完善。煤矿方面，垂直管理的煤矿安全监察体制的建立为全国煤矿安全生产形势持续稳定好转发挥了重要作用。但各个地区由于煤矿数量与分布情况各不相同，地区间监察力量分布也有较大差异，尤其是四川、新疆等省区，监察力量严重不足。此外，目前煤矿安全监察机构承担部分煤矿安全生产行政许可事项，既当"裁判员"，又当"运动员"，而地方煤矿安全监管部门缺少相应的行政许可权，不利于发挥地方监管积极性。全国统一垂直管理的煤矿安全监察体制与地方行政管理体制在一定程度上也存在不协调、不顺畅，煤矿企业要面临煤矿安全监察机构，安全监管部门、煤矿及能源行业管理部门的多重监管执法问题。非煤矿山方面，我国非煤矿山安全生产实行属地监管，全国目前有 7 万多处非煤矿山，但监管力量较为薄弱，国家层面仅靠国家安全监管总局监管一司，与繁重的监管任务不相适应。煤矿和非煤矿山开采技术工艺相似，但煤矿和非煤矿山安全监管监察执法资源划分在不同部门，没有形成相对集中综合的执法体制。

（2）危化品安全监管体制不完善。我国有各类危险化学品近 3 万种、企业 30 多万家，涉及 20 多个部门安全监督管理职责，但责任不清晰、监管力量十分薄弱，目前国家安全监管总局仅有业务司内的 1 个处负责；省级以下特别是县乡一级，几乎没有专业监管人员，在监管过程中常出现脱节、漏洞和执法依据不足等问题。

（3）海上石油开采安全监管政企不分。目前，国家安全监管总局负责海洋石油安全监管工作，但没有出海监管的装备和条件；采取由中央石油企业总部设立分部自行监管的体制，不属于行政授权或者行政委托，存在政企不分、不具备行政执法主体资格、监管力量不足等问题。

（4）部分国家垂直管理行业领域安全监管体制仍需理顺。民航、铁路、电力等行业全部或部分实行跨区域垂直管理体制，有的与地方属地监管存在职责交叉、多头管理等问题；有的地方未设监管机构，没有管辖权，却要承担事故指标和一票否决后果，地方政府对此反应强烈。

（5）职业健康监管执法体制不完善。目前，用人单位职业卫生监管执法职能转由安全监管部门负责时间较短，存在监管体系不完善、监管力量不足、与安全生产存在重复执法等问题，从事职业健康监管执法工作的甚至不到 5%。此外，随着对职业健康工作的重视，监管任务也将越来越重，安全生产监督管理部门将难以独立承担各行业领域职业健康监管工作。

3. 基层安全监管执法机构力量不足

（1）部分地区安全监管机构不健全。目前，全国多数地区已成立的安全生产执法监察队伍仅为事业编制，并未参公管理，难以有效履行行政执法职责。此外，一些地方仍未明确安全监管部门作为行政执法机构，安全监管部门编制、经费、装备、车辆等配置标准与公安、工商、质检等行政执法机构仍有较大差距。

（2）安全监管执法人员编制不足。据统计，省、市、县三级安全生产监督管理部门人员平均编制分别为 83.2 名、28.8 名、15.4 名，其中事业编制约占 28%；安全生产专门执法机构（省级总队、市级支队、县级大队）人员平均编制分别为 20.8 名、14.5 名和 10.8 名，其中事业编制约占 82.3%。福建、海南、四川等省份县级安全监管部门平均人员编制在 10 名以下，海南、广西、云南、湖北等省份县级安全生产执法机构平均人员编制在 6 名以下。

（3）乡镇监管机构力量较为薄弱。部分乡镇街道安全监管工作机构不健全、人员力量不足的矛盾突出。乡镇街道安监人员多数为兼职人员，专职人员偏少；一人负责多种工作，内容繁杂，任务繁重。此外，《安全生产法》并未赋予其监管执法的权力，落实到基层缺乏委托执法、授权执法、跨区域执法等相关执法依据。

（4）功能区安全监管体制不完善。全国目前有 3300 多个开发区，近 50% 没有专门的安全生产监督管理机构，监管体制不健全、条块交叉、职责不清、责任不落实以及政企不分、监管力量薄弱甚至缺位等问题十分突出。近些年发生的特别重大事故中，大部分发生在功能区，如吉林"11·22"事故、青岛"11·22"事故、昆山"8·2"、天津港"8·12"等、深圳"12·20"事故等。

4. 安全生产应急救援体系不完善

（1）应急救援体制不健全。国家安全生产应急救援指挥中心难以有效履行行政管理职能，特别是在事故现场应急决策方面，应急救援指挥协调能力不强。全国仍有超过 5% 的市级单位、55% 的县级单位未建立应急管理机构。市、县级机构缺口大，人员配备不足，经费困难。

（2）应急救援力量有待加强。我国安全生产应急救援体系建设起步较晚，应急救援队伍专业化、职业化、现代化水平不高，布局不合理，对重点行业领域、重点地区的覆盖不全面，救援装备种类不全、数量不够，专业化实训演练条件不足，部分队伍大型装备运行维护困难。在很多地方公安消防队伍仍是事故救援的主力，部分领域缺乏专业化应急救援队伍。

（3）应急救援保障能力不足。安监部门主导建设的安全生产应急救援平台已有一定基础，但是互联互通不够。特别是安全生产应急救援平台尚未与公共安全管理信息平台对接，不能在更大范围、更高层次整合应急信息与救援资源。此外，就全国范围来看，我国虽然积累了不同层次和种类而且具有一定体量的应急救援装备和物资，但是由于隶属关系复杂、调用机制不畅等原因，资源利用率不高，短时间难以调集，影响救援工作效率。

（三）安全生产法治体系不完善

经过多年的努力，我国安全生产法治建设取得了明显成效，但与全面推进依法治国的要求，还存在明显差距，主要表现在：安全生产法规标准不健全、不一致问题突出；法规标准制定和修订时效性差，一般要3年以上；安全生产违法行为追究刑责力度不够，生产经营建设过程中的违法追责在刑法规定上处于空白；安全生产监管执法不严、违法不究、以罚代刑及安全生产监管执法人员专业能力不强、装备保障能力不足的问题普遍存在。

1. 法规标准体系不够健全

（1）法律法规之间协调性、一致性不足。安全生产涉及众多行业领域，由于综合协调和部门沟通不够等原因，安全生产立法分散、衔接配套不够协调、修订完善不够及时，甚至还存在法律缺失、相互矛盾等问题。同时，各具体行业的安全状况和立法思路不同，法律法规制定起草的时代背景不同等原因，加之我国安全生产立法的应急性特征比较明显，使我国安全生产法律体系框架中的一些各种法规、规章之间不可避免地出现了相关立法不够配套、衔接不良等问题，不少规范之间缺乏有机的联系，一些规范之间存在交叉重叠，部分法律和行政法规在具体适用上存在选择性问题，给安全生产执法工作带来一定难度。

（2）法规标准制修订严重滞后。目前，我国安全生产法律体系总体成型，但是仍存在部分主体法律配套法规立法滞后，一些法律法规制定修订进展缓慢、针对性和可操作性不强等问题。例如我国作为世界第一化工大国，尚未有一部关于危险化学品安全监管的专门法律，现行的《危险化学品安全管理条例》立法层级较低，监管协调难度大、力度不够，必须加快制定修订安全生产法配套法规。此外，我国安全生产相关标准虽然已有 1500 多项，但是存在强制性国家标准数量少、部分标准的标龄过长（90% 以上的强制性标准超过 10 年以上）、标准规定尺度不一、关键标准缺失、新产品、新工艺、新业态标准制定滞后等突出问题。

（3）设区的市安全生产立法存在障碍。安全生产与经济社会发展水平、产业结构、人员素质等情况密切相关，具有较为明显的区域差异性，部分安全生产法律法规的具体规定在局部地区适用性不强。同时，市级安全生产监督管理部门任务繁重，需要地方性法规予以支持。

（4）标准制定发布机制不畅。目前，工程建设、卫生、农业、环保等 4 类国家标准由行业主管部门制定公布、标准化主管部门编号。但目前生产经营单位职业危害预防治理标准制定修订由卫生部门负责，与监督实施相脱节，安全生产强制性国家标准制定程序复杂且耗时较长，难以适应职业健康与安全生产监管工作需要。由于安全生产涉及行业领域众多，标准制定修订工作任务重、专业性较强，为了简化程序、提高效率，防止标准之间相互矛盾，应当改革职业危害预防治理和安全生产强制性标准制定发布机制。

2. 行政许可制度有待优化

（1）一些重大项目安全审批把关不严。近些年，因为安全生产行政审批把关不严，直接或间接导致事故发生的案例屡见不鲜。例如天津"8·12"特别重大火灾爆炸事故中，天津市有关部门在明知瑞海公司未取得法定审批许可手续、不具备港口危险货物作业条件的情况下，违法批准瑞海公司从事港口危险货物经营，明知其危险货物堆场改造项目未批先建，仍批准其验收通过，成为导致事故发生的重要原因。

（2）放管服工作有待进一步推动。目前，安全审批权力主要集中在省级安全监管部门，根据《安全生产许可证条例》（国务院令第 397 号令）有关规定，国家对矿山企业、建筑施工企业和危险化学品、烟花爆竹、民用爆破器材生产企业实行中央和省两级颁发安全生产许可证制度。实践中，省一级承担的审批任务过重，耗费了过多人力及时间成本，不利于各省安监部门集中精力对全省的安全生产工作进行整体谋划和指导协调。

（3）部分行政许可过度取消下放。一些地方和部门为落实上级要求，或为了逃避责任，以改革之名行削弱安全监管之实，过度取消或下放一些关键的安全生产行政审批事项，有的甚至将高危行业安全许可下放给县级安监部门，但县一级严重缺乏专业技术力量，难以承担此项工作。截至2015年底，安全监管监察系统已经取消下放50%的审批事项，有的审批许可一放了之，没有配套的事后监管措施，导致监管力度严重松懈，产生新的隐患和问题。

3. 监管执法工作不规范

（1）监管执法机制不完善。当前我国安全生产监管执法仍然存在责任不明确、制度不完善、程序不规范、计划不科学等问题。一些基层监管执法人员法治意识不强、专业素质不高，导致监管执法不严、执法不公，失之于宽、失之于软的问题较为突出。还有个别领导干部以公谋私，打招呼、递条子，干扰安全生产监管执法现象时有发生。例如湖南湘潭立胜煤矿"1·5"特别重大火灾事故中存在地方有关部门违规延续采矿许可证，甚至有干部入股煤矿和严重腐败等问题。

（2）行刑衔接制度没有建立。目前安全生产领域行政执法和刑事司法衔接的情况看，制度还不够健全、机制还不够完善，有的案件线索该移送的没有移送，有的案件移送接收不畅，有的接收了案件但是迟迟不审判，难以发挥法律的惩戒警示作用。例如《生产安全事故报告和调查处理条例》与《行政执法机关移送涉嫌犯罪案件的规定》对案件的移交时间和相关证据材料要求不一致，安全生产监督管理部门事故调查取证的方法与标准与公安部门不一致，很多证据公安部门无法使用需要重新调查取证，影响了相关人员责任追究的时效。

（3）对危害安全生产秩序的刑事犯罪打击不力。有些地方政府和部门对危害安全生产秩序的刑事犯罪打击不力、处罚偏低，存在以经济处罚代替责任追究、以行政处罚代替刑事处罚、以缓刑代替实刑等现象。还有一些地方政府不重视安全生产工作，企业拒不执行安全生产行政执法决定，安全生产监管监察部门申请强制执行后，有的司法机关不予受理或不执行，严重损害了行政执法和司法公信力。

（4）事故调查处理不科学不严谨。目前，参加生产安全事故调查部门较多，部分基层安全生产监管人员专业水平不高，事故调查组处理协调难度大，权威性不够。事故调查的主要目的应当是调查事故原因，避免以后类似的事故再发生，但当前对执法人员的追究成为事故调查处理的主要方向和内容，使得事故调查处理偏离合理轨道，违背立法初衷。许多基层人员反映，事故调查处理演变成"四比"，即比狠、比多、比重、比快，放的话越狠越是好领导，处理的人越多越是受肯定，处理得越重越得人心，处理得越快越有水平。至于处理得是否科学、是否公平、原因是否真实反而容易被人忽视。

4. 安全生产执法保障不足

（1）执法力量装备仍不能满足需求。《国务院办公厅关于加强安全生产监管执法的通知》要求深入开展安全生产监管执法机构规范化、标准化建设，改善调查取证等执法装备，保障基层执法和应急救援用车，但在执行过程中，一些地区人员、车辆、装备等方面并没有完全落实到位。例如有的地区未按照执法机构标准保障安监部门车辆，尤其是乡镇（街道）安全监管机构没有执法用车，安全监管人员享受不到执法津贴和用车补助，"私车公用"的情况较为普遍。此外，同样作为行政执法部门，安全监管部门还没有统一的执法服装，安全监管执法的形象和权威性受到影响。

（2）监管执法人员追责压力巨大。目前，我国相关法律法规和制度对安全生产监管执法责任边界缺乏明确规定，在事故调查处理中，往往出现基层安监干部"不去检查是失职，去检查了是渎职"而被追究责任的情况，基层反映比较强烈，直接影响了安全监管监察队伍的积极性和稳定性。例如甘肃省白银市平川区安全监管局自 2002 年以来已有近半数的工作人员受到处分，重庆市綦江区曾出现 26 名安监干部集体辞职"回家种田"的现象。

（3）监管执法人员专业能力不足。目前，我国一些基层市县安全生产监管执法人员的专业化水平偏低，尤其是化工、矿山等相关专业人员缺乏，整体素质不高。尤其是乡镇一级执法人员流动性大，专业培训不足，有的没有执法证，不会执法、不能执法的问题较为突出。

（四）安全预防控制体系不系统

近年来，各地区各部门各单位坚持安全第一、预防为主、综合治理的方针，强化源头治理、加强安全防范，在构建安全预防控制体系方面作了积极探索，但仍存在一些突出矛盾和问题。一些地方在招商引资中放松安全准入门槛，项目审批把关不严，城乡规划布局、设计、建设、管理忽视安全，埋下事故隐患；一些重点行业领域风险较高、隐患较多、事故易发多发；一些企业主体责任不落实，安全防范措施不足，风险管控不力，各类隐患仍大量存在。

1. 安全风险管控体系亟需建立

（1）安全风险评估与论证机制不健全。一些重特大生产安全事故暴露出，项目建设初期把关不严、风险管控不力等问题，会为后续生产经营等埋下重大安全隐患。如青岛黄岛"11·22"事故暴露出规划设计不合理、油气管道与周边的建筑物距离太近，特别是输油管道与暗渠交叉工程设计不合理，造成管道泄漏从而引发特别重大事故。目前，我国项目建设安全风险评估与论证机制不健全，尤其是具有重大危险源的项目在规划设计阶段缺乏风险评估与安全审核机制，项目选址、基础设施布局未建立在科学论证的基础上，有的项目与城市规划相冲突，部分项目甚至未批先建、未验收先使用。

（2）重大危险源及事故隐患底数不清。我国一些高危行业领域经过多年粗放式增长、低水平发展，使得高危产业、劳动密集型产业比重过大，且安全基础薄弱。由于管理体制编号、监控手段欠缺等原因，相当一部分重大危险源游离于政府有效监控以外，既摸不清底数，又没有做到全过程、全链条的监管。此外，我国长期以来主要是靠要素的投入和积累保持经济高增长，造成能源等基础产业持续紧张，企业违法违规生产时有发生。

（3）重大安全风险联防联控机制不完善。近年来，由自然灾害引发安全事故事件较多，对人民生命财产安全造成重大损失。我国安全风险防控力量分散在各个部门，队伍建设的专业化、职业化程度不高，没有建立完善跨行业、跨部门、跨地区的重大安全风险联防联控机制，没有建立联席会议制度、制定应急联动预案、建立区域通信联络和应急响应机制、定期开展安全互查和应急调度、联合应急处置演练等方式，一旦发生重大安全风险，无法短时间内形成合力，影响了安全风险防控效能，在一些事故处理中甚至出现应急队伍的重大伤亡损失。如"东方之星"号客轮倾覆事件，反映出公安、民政、国土资源等相关部门协调联动不顺畅，没有充分发挥各自在安全宣传、安全巡查、信息联络、应急处置等方面的联动作用。

2. 隐患排查治理体系不完善

（1）隐患排查治理标准规范不健全。目前我国在隐患分级标准、体制构建流程上缺少整体谋划，还没有一个比较系统化的、综合的指导生产经营单位开展事故隐患排查治理工作的技术规范，除煤矿外其他行业领域没有较为完善的事故隐患分级标准体系，小微型企业缺乏相应的技术规范指导，不知道查什么、怎么查、查了怎么办。

（2）隐患自查自报制度难落实。当前，绝大多数的小微企业难以满足事故隐患排查治理体系的相关要求，尚不具备充足的能力完成隐患排查治理体系建设任务。企业在隐患自查自改工作中，存在着较大的抵触情绪，在调动广大职工参与隐患排查治理的积极性和创造性，发挥职工在隐患排查治理中的主力军作用做得不够。

（3）隐患排查治理信息化平台不统一。各地区隐患排查治理系统建设标准与数据规范标准不一致，系统建设缺乏统一的安全生产信息化建设与发展规划，信息化建设目标不明确，软件相互不兼容。安监系统业务部门在如何利用信息化手段创新监管模式上，有待进一步提高认识、加强融合。

（4）隐患排查治理监督执法不严格不到位。一些地方和部门隐患排查治理监督执法不严格不到位，没有严格执行重大隐患挂牌督办制度，事故隐患治理落实不够，重排查、轻治理现象比较突出，对于隐患排查治理监管工作中存在"以罚代管"现象，导致重大隐患整改不到位，极易引发重特大生产安全事故。

3. 城市安全保障能力不足

（1）城市运行安全风险加大。近年来，上海、天津、青岛、深圳等地发生的重特大安全事故事件严重危害公共安全，直接冲击人民群众安全感。随着经济社会发展，我国城市化进程明显加快，人口、功能和规模急剧扩张和复杂化，城市运行和管理更趋开放和自由，城市安全面临严峻挑战。一些地方在城市安全保障体系上进行了一些探索，取得了一些成绩，但总体看，我国城市尚未构建系统性、现代化的城市安全保障体系，城市公共安全风险管控能力仍然较弱。

（2）城市基础设施安全配置标准偏低。当前，城市建设、危旧建筑、燃气管线等重点基础设施存在大量安全隐患，容易引发群死群伤的重点设施、重点部位、重点场所等，安全防范措施不够完备，把控能力较弱。交通、消防、排水排涝等基础设施建设质量、安全标准和管理水平需要提高，高层建筑、大型综合体、燃气、电力设施等城市基础建设的检测维护不够。

（3）大型群众性活动安全管理不严。当前城市人员密集场所和大型群众性活动越来越多，规模越来越大，活动审批报备不严格、组织管理不规范、不到位，应急处置不当，都极易发生重特大事故和意外事件。2004年2月5日，北京密云密虹公园举办的迎春灯展发生特别重大踩踏事故，造成37人死亡。2014年12月31日，上海外滩陈毅广场发生拥挤踩踏事故，造成36人死亡，教训十分惨痛深刻。

4. 重点行业领域风险隐患众多

（1）矿山灾害严重。我国煤矿灾害比较严重，高瓦斯、煤与瓦斯突出、冲击地压、水文地质条件类型复杂矿井占到全国煤矿的1/3以上，并且随着开采深度的逐渐增加，这些灾害也越来越重。特别是煤矿瓦斯、水害等事故极易造成群死群伤，社会影响恶劣。截至2015年底，全国共有采空区12.79亿立方米。据2001年至2015年重特大生产安全事故统计，金属非金属地下矿山采空区引起的事故起数和死亡人数分别占地下矿山重特大生产安全事故总量的42.3%和45.9%。全国有"头顶库"1425座，其中病库131座。自新中国成立以来，"头顶库"发生溃坝事故21起，占尾矿库溃坝事故总数的55%左右。2008年山西襄汾新塔矿业公司"9·8"特别重大尾矿库溃坝事故，造成281人死亡，直接经济损失达9619.2万元。一些地区和矿山企业对灾害防治工作重视不够，致灾因素普查不清，防灾制度措施不落实，防灾装备运行不可靠等，导致事故频发。

（2）危险化学品企业风险较大。目前，我国有各类危险化学品近3万种，涉及生产、运输、储存企业30余万家，由于历史原因，相当一部分企业与居民区安全距离不足，化工围城、城围化工的问题突出。部分危险化学品重点地区政府未制定和实施化工行业发展规划，科学确定本地区化工行业发展规模和定位，对广大人民群众生命财产安全造成严重威胁。如江苏南京在梅山、长江二桥至三桥沿岸地区、金陵石化及周边、大厂地区，密集分布着百余家化工、钢铁企业，这四大片区主要位于南京西南、正北、东北方向，几乎对南京城形成了"包围圈"。山东青岛"11·22"、天津港"8·12"等事故反映出危险化学品企业与居民区安全距离不足，会造成周边群众大量伤亡。

（3）交通运输事故多发频发。我国道路交通事故死亡人数占各类事故总死亡人数的80%以上。我国交通运输行业处于高速发展建设阶段，道路在数量快速增长和规模不断扩大的同时，质量和功能、服务和管理等方面并不能完全适应安全发展的要求，特别是部分早期建成的农村公路临水临崖、坡陡弯急，缺乏必要的安全设施，存在较高安全风险。高速铁路里程不断增加，多个跨海大桥、海底隧道等重大交通基础工程开工建设和投入使用，给安全生产工作带来新挑战，如"7·23"甬温线特别重大铁路交通事故，造成40人死亡，172人受伤。此外，长途客运车辆、旅游客车、危险物品运输车辆和船舶生产制造标准和安全性能与发达国家相比仍有一定差距。

（五）安全基础保障体系不牢固

近年来，在党中央和国务院的坚强领导下，安全保障能力不断提升，为促进安全生产形势持续稳定好转发挥了重要作用，但一些事故暴露出安全生产投入不足、安全科技支撑能力不强、社会化服务体系不够健全、市场机制作用没有充分发挥、小微企业发展迅猛但保障能力弱、从业人员特别是农民工安全素质不高等突出问题。

1. 安全投入长效机制尚未形成

（1）政府安全生产财政投入总体偏低。目前，中央和大部分地方财政均以不同形式设立了安全生产专项资金，但安全生产投入强度总体水平较低，历史欠账巨大，政府和企业的安全生产投入结构不合理，投入效率较低，地区间不平衡，仍有部分市县尚未设立专项资金，没有形成持续的资金投入。在实际操作中，还存在安全投入制度缺失，缺乏统一管理等问题。

（2）企业安全费用提取和监督机制不健全。当前基层企业安全生产费用提取和使用监督机制不健全，导致部分企业未能足额提取安全生产费用，影响正常的安全生产投入。很多企业未建立专门账户，部分企业存在将安全生产费用挪作他用的现象。因此，企业安全生产费用制度在提取标准、使用范围、监管政策等方面需要调整和完善。

（3）安全生产专用设备优惠目录亟需修订。《安全生产专用设备企业所得税优惠目录》（简称《目录》）自 2008 年《目录》修订以来，我国产业结构已发生了较大变化，新设备、新技术、新材料不断出现，需要对《目录》内容进行适时调整，完善相关条款，扩大优惠范围和力度。

（4）安全产业支撑能力不强。目前，我国安全产业产值达 4000 多亿元，但由于缺乏系统的规划和引导，市场发育不完善，规模很小，产品低端，尚不能满足全社会对安全技术、装备和服务的新需求，不适应安全发展的新要求。同时，对于安全产业的融资方式较为单一，尚未形成有效的融资渠道和市场。

2. 安全科技水平整体不高

（1）安全生产基础理论和重大关键技术需进一步突破。随着经济发展对能源的需求与依赖日益加大，受资源环境影响，矿井开采深度不断延伸，各种危险因素生成、演化与流动规律突变。危险化学品生产企业进园区后，一体化安全保障技术要求愈来愈高。生产制造设备和装置成套大型化、生产自动化、决策智能化，对安全监测监控传感技术、信息处理技术、物联网、云计算超前感知系统，应急救援装置大型、专业、配套和信息传输无域限、无时限、可视化、智库系统建设等技术研究和攻关，仍不能满足日益增长的安全生产发展需要，安全生产基础理论和重大关键技术研究亟待深化，创新能力亟待提高。

（2）安全生产科技基础相对较差。支撑安全生产科技研发的检测检验、科学试验、技术支撑平台建设相对滞后，安全生产科技基础相对较差，整体规划和系统设计不完善，存在条块分割，布局不合理，配置不均衡，缺乏全社会共享机制等问题。

（3）安全生产科技成果转化率较低。高校基础理论研究、科研院所应用技术研究与企业实际需求结合不紧密，基础理论研究项目少，应用技术低水平、重复研究项目多，成果转化率低、安全产业化率低，新技术、新产品、新材料、新工艺宣传推广力度不够，升级换代机制尚未建立，市场化运作活力不强。安全生产科技成果转化与技术推广经济政策扶持较弱，国家财政、金融、信贷、税收、保险等手段尚未在安全生产科技成果转化和产业化发展中发挥应有作用。

（4）安全监管信息化程度不高。全国安全生产信息化建设基本上处于各地各自为政的状态，缺乏系统性、全局性的顶层设计，没有统一的建设标准，地区、部门间不能互通互联和数据共享，系统重复建设、数据重复报送问题突出。部分地区安全生产信息化资金投入不足，系统建设严重滞后，监管效率低下。

3. 安全培训教育体系亟需加强

（1）从业人员安全素质和全民安全意识不高。目前，全国从业人员整体教育水平仍然不高，具有初中以下文化程度的占70%，大专以上文化程度不到15%。绝大多数农民工文化程度较低、安全意识淡薄、劳动技能不高，并且多从事条件较为艰苦的高危行业，是各类生产安全事故的肇事者也是受害者。据统计，煤矿、非煤矿山、危险化学品、烟花爆竹四个高危行业共有农民工596.6万人，占从业人员的66.3%；每年职业伤害、职业病新发病例和死亡人员中，半数以上是农民工。

（2）安全技能培训不到位的问题较为突出。在小微、私营企业工作的人员和广大的农民工具有较高的流动性，企业更不愿意对这部分人员进行投入。即使如上海市为农民工提供免费安全培训，企业主怕耽误工时也不愿意让农民工参加。这部分弱势群体人员很难得到足够的安全培训，成为安全培训全员覆盖工作中的盲区和死角。如江苏昆山"8·2"事故中，许多工人根本不知道粉尘存在爆炸危险，反映出当前安全培训工作存在的种种问题。

（3）安全培训内容与质量亟需提高。从业人员绝大部分是成年人，机械记忆力、感知能力逐渐下降，更偏向于逻辑记忆和意义记忆。一些培训教师照本宣科，以教育未成年人的方式授课，教学缺乏吸引力和感染力，使培训效果大打折扣。部分培训机构不注重培训需求调研，课程设计针对性不强，培训内容与实际贴得不紧，培训课时不够，教材教案陈旧，办班规模过大，不能针对企业安全生产暴露的安全隐患、安全技术和管理难题，及时提供相应的培训服务。没有针对员工特别是农民工文化素质低、接受能力差的特点，采取有效的方法措施对员工进行培训。

（4）安全生产宣教体系不适应新形势需要。随着互联网的不断普及，随着微博、微信等新媒体的崛起，互联网已经成为宣传教育的主战场，给安全生带来很多的机遇和挑战。新媒体上安全生产宣教工作较为滞后，不论是微博、微信等信息平台建设都处于起步状态。安全生产宣传教育的很多制度也不适应时代的要求，迫切需要建立和完善安全生产宣传教育制度如新闻管理制度、新闻发言人制度、网评员制度、信息公开制度等。

4. 社会化服务支撑能力不强

（1）社会化服务机构与技术人员严重不足。我国现有的安全生产社会化服务人员来源，主要为高等院校安全工程专业的应届毕业生、高危行业企业安全管理人员等，安全技术服务力量的专业技能、人员数量、服务能力明显供给不足。最需要安全技术服务的中小企业多集中在乡镇，但安全生产中介服务机构多数集中在大中城市。

（2）安全生产社会化服务机构技术能力不强。与杜邦公司、FM全球公司、贝氏评级等历史悠久、全球知名、实力雄厚的专业型公司相比，我国安全生产社会化服务机构开展业务时间不长，缺少经验和数据的积累，专业人员专业素质和能力亟待提高，技术开发能力较弱，自主创新能力不强，发展模式简单粗放，产品竞争力不足，创新和可持续发展自觉性不强，目前普遍规模偏小，几乎没有较大较强的行业龙头企业，其专业能力和发展水平仍然滞后于安全生产社会化治理的需求，对安全生产各项工作的支撑作用不足。

（3）对企业安全生产的技术支撑能力不足。国内安全生产专业服务机构给企业提供的产品和服务大多是较为雷同、技术含量低的常规性产品，追求快速盈利的企业多，能够以工匠精神对待产品和服务、对质量孜孜以求、注重技术和专业能力积累的企业少，所以产品竞争力不足，专业能力不强，无法为企业提供有针对性的深度价值服务，企业对安全生产技术服务的满意度不高，需求动力不足。

（4）部分技术服务机构从业行为不规范。目前，公开、透明、有序的社会化服务市场尚未完全形成，个别地区安全技术服务机构行为不规范，从业人员依法守法意识不强，评价报告质量不高甚至出具虚假报告等问题时有发生。例如天津港"8·12"事故调查中发现，天津中滨海盛科技发展有限公司、天津中滨海盛卫生安全评价监测有限公司、天津水运安全评审中心、天津市化工设计院等技术服务机构弄虚作假，违法违规进行安全审查、评价、验收，致使不具备安全生产条件的瑞海公司堆场改造项目通过审查。

（5）注册安全工程师制度亟待完善。目前，全国已有28.6万人取得注册安全工程师（含注册助理安全工程师）执业资格，但由于缺乏相应的管理制度，注册安全工程师的职责、权利、义务还不明确，未能发挥应有的技术中坚作用。2015年5月出台的《国务院关于取消非行政许可审批事项的决定》将注册安全工程师执业资格认定作为非行政许可类审批事项予以取消，注册安全工程师的资格类别、管理方式等亟需改革调整。

5. 监管执法不严格不到位

（1）对服务机构缺乏有效的监管手段。安全监管部门由于执法资源有限，对服务机构的日常监管职责难以落实到位，而且服务机构一般跨区域从业、流动性大、项目点多面广，再加上机构注册地和从业地监管机构的监督检查职责划分不够清晰，监管难度更大。取消安全培训机构资质行政许可后，安全监管部门对于安全培训机构缺乏有效的监管手段。

（2）行业协会自律管理能力不足。近年来，一些安全生产专业服务机构的资质审批陆续取消，对行业协会承接安全生产专业服务机构行业自律管理的能力和水平提出挑战。我国的协会组织普遍存在政会混合、缺乏年轻有为的专业人才、服务不到位、社会公信力弱等问题，导致企业对协会组织缺乏认同感，不能起到自我约束、自律管理的作用。

6. 缺乏市场化的激励约束机制

（1）安全生产风险抵押金制度未发挥应有作用。目前实施的安全生产风险抵押金存在缴存标准不合理、风险防控功能有限、事故赔偿能力不足等问题，特别是长期占压企业资金，加重企业经营负担，已不能有效满足安全生产风险防控需要。按规定，每个企业的缴存额度为30万元至500万元不等，若全国足额缴纳，至少可达3200亿元。而实际到2014年底，全国只缴纳92.91亿元，缴存比例仅为2.9%。用于事故抢险救援善后处理的费用约7839.79万元，支出比例仅为0.84%。

（2）工伤保险事故预防功能缺失。现有的工伤保险存在资金占用大、利用率低、未实现安全效益最大化和使用效率最优化等问题，工伤保险制度也没有发挥好事前预防和事后赔偿的重要功能。工伤保险实行事业单位行政化管理，缺乏商业保险机构运用差别费率和浮动费率开展风险预防控制内在积极性，与国外成熟做法相比，我国工伤保险的预防功能缺失，需要进行体制性和制度性改革。根据审计署的工伤保险基金审计结果，全国高风险企业的农民工平均参保率仅为 49.48%。2013 年至 2015 年，抽审地区工伤保险基金收入 652.16 亿元，至 2015 年底累计结余 418.15 亿元。

（3）安全生产责任保险推动进度较慢。国外的成功经验表明，安全生产责任险是事故风险防范的重要机制。但《安全生产法》只是鼓励生产经营单位投保安全生产责任保险，因此在推进过程中缺少法律依据，很多地区进展较为较慢。地区间进展不平衡，有的地区甚至还没有启动。很多地区保险机构在收取保费之后，提取的事故预防费用较少甚至不提取，安责险的事故预防功能并没有充分发挥，降低了企业投保安责险的积极性。

三、安全生产改革发展相关理论研究

（一）社会管理理论

1.社会管理的概念

社会管理主要是指政府和社会组织部门为促进社会系统的和谐运行与良性发展，对社会生活、社会结构、社会制度、社会事业和社会观念等各个环节进行组织、协调、服务、监督和控制的过程；是指以维系社会秩序为核心，通过政府主导、多方参与，规范社会行为、协调社会关系、促进社会认同、秉持社会公正、解决社会问题、化解社会矛盾、维护社会治安、应对社会风险，为人类社会生存和发展创造既有秩序又有活力的基础运行条件和社会环境，促进社会和谐的活动。

2.社会管理的主体

从历史上来看，在以工业化与城市化为基础的社会里，社会管理的主体是政府。政府通过各种管理手段来弥补市场失灵所带来的各种社会问题，以维护社会的公平与稳定。但随着信息化、全球化时代的到来，社会管理的主体越来越趋向多元化，社会组织等各种非政府部门必将成为社会管理的一支重要力量。因此社会管理主体不仅仅局限于政府部门，而且还包括许多非政府部门的参与。

3.社会管理的范畴

社会管理可以分为宏观社会管理和微观社会管理两个层次。所谓宏观社会管理就是把社会看成一个有机整体，通过运用计划、沟通、协调、控制、指导等手段，对社会的经济、政治、文化等事务进行统筹管理，是社会系统协调有序、良性运行的过程。宏观社会管理大致可分为对经济子系统、政治子系统、文化子系统和社会子系统的管理，即经济管理、政治管理、文化管理和社会事务管理"四位一体"的管理过程。所谓微观社会管理，是指通过制定相关政策和法规、综合运用多种资源和手段，依法对社会事务、社会生活的管理，包括教育、公共卫生、社会保障、环境保护、社会治安等诸多领域。其目的是为了化解社会矛盾，保障公众利益，维护社会公平与稳定。安全生产领域就属于微观社会管理的范畴。

4. 安全生产与社会管理

安全生产是社会管理的重要内容，是政府履行社会管理职能的基本任务。2011 年 2 月 19 日，胡锦涛同志在省部级主要领导干部社会管理及其创新专题研讨班开班式上首次将安全生产作为社会管理的重要内容，强调要"进一步加强和完善公共安全体系，健全食品药品安全监管机制，建立健全安全生产监管体制，完善社会治安防控体系，完善应急管理体制"。

党的十八大报告在加强和创新社会管理工作中提出，"强化公共安全体系和企业安全生产基础建设，遏制重特大安全事故"，对加强和创新社会管理，促进安全生产工作提出了具体要求，具有非常重大的指导意义。《中共中央关于全面深化改革若干重大问题的决定》明确把"完善和发展中国特色社会主义制度，推进国家治理体系和治理能力现代化"作为全面深化改革的总目标，并专章部署创新社会治理体制，其中进一步强调了要健全公共安全体系，并明确提出要"深化安全生产管理体制改革，建立隐患排查治理体系和安全预防控制体系，遏制重特大安全事故"，是对十八大报告中关于安全生产工作部署的进一步解释和深化。

（二）政府监管理论

1. 政府监管的概念

从经济学角度讲，政府监管起源于市场和政府关系的处理，各国学者对政府监管的定义各有不同，综合起来可概括为：在市场经济条件下，政府为维护市场秩序，保障公共利益，对经济主体极其社会活动进行规范与制约的活动。

政府监管是政府职能的重要组成，政府监管的主要职能是通过法律授权，对特定行业领域和微观经济活动主体的进入、退出、资质、价格，以及涉及国民健康、生命安全、环境保护及可持续发展等社会行为进行监督管理。它的行政主体是政府行政机构，客体是企业和个人，政府监管的最终目的是维护市场运行秩序和保障社会公共权益。

2. 政府监管的分类

按照行政权力的不同，可分为决策、执行和监督三大职能。按照监管内容的不同，政府监管职能可分为经济监管和社会监管。

经济监管主要是指政府部门使用行政许可与行政执法等手段对特定产业的市场准入以及生产经营活动进行监督和管理。设置经济监管机构的目的在于维护市场运行秩序，提高市场经济效率。根据具体的监管内容，经济监管又可以分为市场秩序监管和宏观调控监管。前者面对的是微观市场，规制的内容主要是特定产业的准入、价格等，如工商总局、海关总署等；后者面对的是宏观市场，主要的职能是应用宏观经济政策对市场进行直接或间接的调控，如发改委、中国人民银行等。

社会监管主要是对经济活动派生的各种社会问题，尤其是安全、健康与环境等问题进行监督管理，是政府履行社会管理职能的主要方式，其目的在于保障公众利益，维护社会公平与稳定。社会性监管机构常常不以特定行业划分，而是针对某一领域进行跨行业的治理，如生态环境部、应急管理部等。

3. 政府监管的模式

政府监管机构的组织形式多种多样，按照监管机构的独立性，可分为独立型、从属性型和集权型三种模式；按照与政府的管理关系，可分为垂直管理和属地管理。

垂直管理是指上级政府职能部门直接管理一些原属于地方政府管理的单位和部门，这些单位和部门人力、财力和物力管理权都收归上级职能部门管理，而不再受部门机构所在区域的地方政府的控制。实行垂直管理部门共同的特点就是相对独立性，业务运行基本上脱离同级政府的行政管理框架。当前垂直管理在行政体制改革中作为中央对地方进行调控的重要手段有不断被强化的趋势。

与垂直管理相对应的是属地化管理，采用这类管理机制的政府职能部门通常实行地方政府和上级部门的"双重领导"，上级主管部门负责管理业务"事权"，地方政府负责管理"人、财、物"，且纳入同级纪检部门和人大监督。

4. 政府监管的工具

政府监管工具即政府行使监管职能的方式、方法与手段。按照激励方式不同，可分为激励型监管工具与强制型监管工具两大类。激励型监管工具是20世纪30年代以后才快速发展起来的，目前在我国实际应用中还没有得到完全的认同。强制性监管工具主要包括禁止、处罚、准入监管、价格监管、标准控制等。

（三）系统工程理论

1. 系统工程的概念

把极其复杂的研制对象称为系统，即由相互作用和相互依赖的若干组成部分结合成具有特定功能的有机整体。系统工程则是组织管理这种系统的规划、研究、设计、制造、试验和使用的科学方法，是一种对所有系统都具有普遍意义的科学方法。

2. 安全系统工程的概念

运用系统论的观点和方法，结合工程学原理及有关专业知识来研究生产安全管理和工程的新学科，是系统工程学的一个分支。其研究内容主要有危险的识别、分析与事故预测；消除、控制导致事故的危险；分析构成安全系统各单元间的关系和相互影响，协调各单元之间的关系，取得系统安全的最佳设计等，目的是使事故减少到可接受的水平。安全系统工程的核心问题在于对社会系统中各种各样导致安全问题的利益冲突和灾害事故，有效地建立预防、避免、处理的科学机制，以高度系统化的安全措施应对带来安全问题的系统化的因素。

3. 系统分析的概念

从系统总体出发，对需要改进的已有系统或准备创建的新系统使用科学的方法和工具，对系统目标、功能、环境、费用、效益等进行调查研究，并收集、分析和处理有关资料和数据，据此建立若干方案和模型进行模拟、仿真试验，把试验、分析、计算的结果进行比较和评价，在若干选定的目标和准则下，为选择对系统整体效益最佳的决策提供理论和试验验证。

4. 系统分析的方法

分为定量和定性两大类。定量分析方法主要有专家调查法、头脑风暴法、层次分析法等，适用于系统机理不清、收集的信息不准确、难以形成常规数学模型等情况。定量方法主要是运用统计学和运筹学等各种模型化和最优化等方法，如动态规划、排队论、投入产出分析、决策分析等方法，适用于系统机理清楚、收集信息准确、可建立数学模型等情况。

（四）安全发展理论

2000 年以来，按照党中央、国务院的决策部署，国家安全监管总局先后采取了一系列安全监管措施，安全生产工作取得了积极成效，为安全生产领域改革发展奠定了坚实的理论与实践基础。

2000 年国家煤矿安全监察局挂牌，2001 年成立国家安全生产监督管理局，面对严峻的煤矿安全生产形势，国家安全监管局、国家煤矿安监局重点抓好安全监管体系、法律法规体系、监察监管队伍"三件大事"、建设安全生产法律法规、信息工程、技术保障、宣传教育、安全培训与矿山应急救援"六大支撑体系"。2005 年，国家安全监管总局提出安全文化、安全法规、安全责任、安全科技、安全投入"五要素"工作体系。国务院第 116 次常务会议从安全标准、安全投入、安全科技、安全政策、教育培训、安全立法、安全文化、监管体制、救援体系等方面提出安全生产 12 项治本之策，逐步建立起较为完善的安全生产体制、机制、法治以及支撑体系。

2005 年 8 月，胡锦涛同志在河南、江西、湖北考察工作时首次提出"安全发展"的理念。2006 年 3 月在中央政治局第 30 次集体学习会上指出："把安全发展作为一个重要理念纳入我国社会主义现代化建设的总体战略，这是我们对科学发展观认识的深化"。党的十六届五中全会把"安全发展"写入"十一五"规划纲要，并进一步确立了"安全第一、预防为主、综合治理"的安全生产方针，六中全会把坚持和推动"安全发展"纳入构建社会主义和谐社会总体布局。"十一五"期间，国家安全监管总局大力推进安全生产执法、治理、宣教"三项行动"，加强安全生产法制体制机制、保障能力、监管监察队伍"三项建设"，全国安全生产工作得到了进一步强化。

党的十八大以来，安全发展理念和安全生产理论不断深化。习近平总书记首次提出并多次强调："发展决不能以牺牲人的生命为代价，这必须作为一条不可逾越的红线。"国家安全监管总局重点抓好深化企业主体责任落实、依法监管和专项整治"三深化"和推进科技进步、安全达标和长效机制建设"三推进"。《安全生产"十二五"规划》提出了企业安全保障、政府监管和社会监督、科技支撑、法律法规和政策标准、应急救援、宣传教育培训"六大体系"和"六个能力"建设。

2015年12月，习近平总书记在中央政治局常委会第127次会议上，对安全生产工作提出"五个必须"要求：必须牢固树立安全发展观念，坚持人民利益至上；必须坚定不移保障安全发展，狠抓安全生产责任制落实；必须深化改革创新，加强和改进安全监管工作；必须强化依法治理，用法治思维和法治手段解决安全生产问题；必须坚持预防为主、综合治理，坚决遏制重特大安全事故频发势头；必须加强基础设施建设，大力提升安全保障能力。这些要求为做好新时期安全生产工作指明了方向。

四、安全生产改革发展总体思路和战略任务

（一）改革框架

以习近平总书记关于安全生产的重要论述和指示批示为指导，把安全生产置于党和国家改革发展大局来思考谋划，将社会管理、政府监管、系统工程等理论与安全生产工作实践相结合，围绕安全生产领域存在的突出矛盾和深层次问题，聚焦当前安全生产工作重点，研究提出安全生产领域改革的总体框架，包括一个总体思路、五项基本原则、两个阶段战略目标和五方面改革任务。

总体思路是安全生产领域改革发展的方向和路径，明确了改革的指导思想；五项原则是安全生产领域改革发展的总体方向，明确了做好安全生产工作的基本遵循；两个阶段战略目标是改革的时间表，明确了改革的计划进度。改革任务包括健全落实安全生产责任体系、改革安全监管监察体系、完善依

图 10　安全生产领域改革发展总体框架

法治理体系、建立安全预防控制体系、夯实安全基础保障体系五个方面。其中安全生产责任体系是安全生产工作的灵魂，是落实各项改革举措的基本制度保障；监管监察体制是政府对安全生产实施监管的组织基础，是安全生产领域改革的重点和难点；依法治理体系是政府安全监管的基本方略，是推动落实企业主体责任的主要方式；安全防控体系是推动安全生产工作关口前移、源头防范的科学方法，是有效预防各类事故发生的重要手段；基础保障体系是安全生产领域改革发展的关键要素，是做好一切安全生产工作的根基。

（二）总体思路

我国安全生产领域改革发展的总体思路是：以习近平新时代中国特色社会主义思想为指导，紧紧围绕统筹推进"五位一体"总体布局和协调推进"四个全面"战略布局，牢固树立新发展理念，坚持安全发展，坚守发展决不能以牺牲安全为代价这条不可逾越的红线，着眼我国经济社会发展的现状和趋势，总结多年来我国安全生产工作的经验教训，借鉴国外先进做法，以防范遏制重特大生产安全事故为重点，坚持安全第一、预防为主、综合治理的方针，加强领导、改革创新、协调联动、齐抓共管，着力强化企业安全生产主体责任，着力堵塞监督管理漏洞，着力解决不遵守法律法规的问题，依靠严密的责任体系、严格的法治措施、有效的体制机制、有力的基础保障和完善的系统治理，切实增强安全防范治理能力，大力提升我国安全生产整体水平，确保人民群众安康幸福、共享改革发展和社会文明进步成果。具体包括以下五个方面：

1.明确安全生产领域改革发展的思想指南

党的十八大以来，以习近平同志为核心的党中央把安全生产作为统筹推进"五位一体"总体布局和协调推进"四个全面"战略布局的重要内容和民生大事，摆到前所未有的突出位置，强调牢固树立和坚决贯彻五大发展理念和安全发展观念，历次中央全会都对安全生产提出明确要求。习近平总书记先后在主持的7次中央政治局常委会上和中央政治局第23次集体学习时，就安全生产工作发表重要讲话，30余次作出重要批示，并对推进安全生产改革创新提出明确要求。2015年12月24日在中央政治局常委会第127次会议上强调，我们把握安全生产能力不足问题凸显，这涉及安全生产理念、制度、体制、机制、管理手段、改革创新，要举一反三，在标准制定、体制机制上认真考虑，如何改变和完善。因此，推进安全生产改革发展必须全面贯彻党的十八大和十八届三中、四中、五中、六中全会精神，以邓小平理论、"三个代表"重要思想、科学发展观为指导，深入贯彻习近平总书记系列重要讲话精神和治国理政新理念新思想新战略，进一步增强"四个意识"，紧紧围绕统筹推进"五位一体"总体布局和协调推进"四个全面"战略布局，牢固树立五大发展理念，坚持安全发展。

2. 强调坚守安全生产红线底线

当前一些地区和行业领域事故多发，思想认识上的差距是基础性的原因，因而导致抓安全生产的态度不坚决、措施不得力。对此，党的十八大之后，习近平总书记首先提出并一再强调，发展决不能以牺牲安全为代价，这是一条不可逾越的红线。这条红线既是发展必须坚守的底线，也是贯穿安全生产工作全部内容的轴线，是指导我国安全生产工作的大方向、大逻辑。坚守红线是践行党的性质、党的基本理论和根本宗旨的必然要求，是实现全面建成小康社会的内在要求，也是遏制生产安全事故的基本要求。历史的经验和教训表明，什么时候红线意识强、守得牢，安全生产形势就较为平稳；反之，安全隐患和事故就会迭出，直接影响经济发展和社会和谐稳定。因此，推进安全生产领域改革发展必须始终坚持、毫不放松地坚守这条红线。

3. 以防范遏制重特大生产安全事故为重点

当前，我国生产安全事故总量呈持续减少的态势，但形势依然严峻，突出的表现是重特大生产安全事故时有发生。2015年，全国共发生了38起重特大生产安全事故，平均10天一起，共造成768人死亡或失踪，有13个省份重特大生产安全事故起数和死亡人数同比上升。因此，在整体推进安全生产工作的同时，必须把全力防范遏制重特大生产安全事故摆在更加突出的位置，这也是推进安全生产领域改革发展重点要解决的关键问题。

4. 坚持安全生产工作方针

"安全第一、预防为主、综合治理"十二字方针是开展安全生产工作总的指导方针。安全第一，体现了以人民为中心的发展思想。生产经营活动中，在处理保证安全与实现生产经营活动的其他各项目标的关系上，要始终把安全特别是从业人员和其他人员的人身安全放在首要的位置，实行"安全优先"的原则，当安全工作与其他活动发生冲突与矛盾时，其他活动要服从安全。

预防为主，是安全生产工作的重要任务和价值所在，是实现安全生产的根本途径。只有把安全生产的重点放在预防上，超前防范，才能有效避免和减少事故，实现安全第一。综合治理，从遵循和适应安全生产的规律出发，运用多种手段，多管齐下，形成标本兼治、齐抓共管的格局。这是系统治理生产安全问题、实现"安全第一、预防为主"要求的基本思路和方式。安全生产工作方针是长期实践经验的科学总结，要在推进安全生产领域改革发展中予以坚持和丰富。

5. 聚焦安全生产领域存在的突出问题

近些年发生的一些重大事故集中暴露出安全生产工作体制不健全、企业主体责任不落实、安全生产监督管理存在漏洞、法律法规不遵守等深层次矛盾和突出问题，必须采取有力的政策措施，依靠严密的责任体系、严格的法治措施、有效的体制机制、有力的基础保障和完善的系统治理加以解决。

（三）基本原则

基于安全生产理念和战略层面的思考，同时结合实践和行动层面的经验方法总结，提出推进安全生产领域改革发展遵循的 5 项原则：

1. 坚持安全发展

坚持以人民为中心的发展思想，就是既要让人民富起来，又要让人民的安全和健康得到切实保障。安全发展是科学发展的应有之意，也是确保安全生产的社会基础。对于党委政府，保安全就是促进改革发展、维护社会稳定、保证党的宗旨的落实；对于生产经营者，保安全就是保效益、保品牌、保市场；对于广大人民群众，保安全就是保生命、保健康、保幸福。只有坚定不移地走安全发展之路，安全生产工作才会摆上重要位置，人民群众才能安居乐业，经济社会才能持续健康发展。

2. 坚持改革创新

改革开放四十多年的经验表明，改革是我国发展的关键一招，创新是引领发展的第一动力。当前我国经济体制、产业结构发生重大变化，社会面貌发生深刻变革，新材料、新能源、新工艺广泛运用，新产业、新业态大量涌现，都给安全生产工作提出了新要求新挑战。我们必须解放思想、与时俱进，从安全生产理论、制度、体制、机制、科技、文化等方面推动改革创新，激发全社会安全生产要素的内在活力，推动安全生产工作适应新情况、新要求。

3. 坚持依法监管

法治是社会文明程度的核心标志，依法治国是党治国理政的基本方略，依法行政是党治国理政的基本方式。实现我国安全生产治理体系和治理能力的现代化，必须要重视法治、加强法治、依靠法治，着力完善安全生产法律法规和标准，着力强化严格执法和规范执法，着力增强安全监管监察队伍的法治素养和法治能力，着力提高全社会遵守安全法制的意识、履行安全法定责任的观念，全面提升我国安全生产法治化水平。

4. 坚持源头防范

加大事故预防的纵深及有效性，一定要强调源头防范。只有从源头上、根子上强化预防措施，做到防患于未然，才能牢牢把握安全生产工作的主动权。要牢固树立事故可防可控的观念，坚持从源头抓起，从每一个项目、每一个环节抓起，把安全生产贯穿城乡规划布局、设计、建设、管理和企业生产经营活动的全过程，建立和实施超前防范的制度措施，严防风险演变、隐患升级导致生产安全事故发生。

5. 坚持系统治理

无论从微观还是从宏观上看，安全生产都不是孤立的，而是各方面因素相互作用的结果。要提高我国安全生产整体水平，必须坚持系统论的思想，标本兼治、综合施策、多方发力，充分发挥中国特色社会主义制度的优势，科学运用法律、行政、经济、市场等手段，全面落实人防、技防、物防措施，织密齐抓共管、系统治理的安全生产保障网。

（四）战略目标

按照党中央作出的全面建成小康社会和社会主义现代化建设"两个一百年"战略安排，针对安全生产现实基础、发展潜力和趋势，提出 2020 年和 2030 年两个阶段安全生产领域改革发展战略目标：

1. 第一阶段目标

到 2020 年，已实现安全生产总体水平与全面建成小康社会相适应，安全生产监管体制机制基本成熟，法律制度基本完善，全国生产安全事故总量明显减少，职业病危害防治取得积极进展，重特大生产安全事故频发势头得到有效遏制，安全生产整体水平与全面建成小康社会目标相适应。对具体量化目标，建议在安全生产"十三五"专项规划予以明确。

2. 第二阶段目标

到 2030 年，实现安全生产治理体系和治理能力现代化，全民安全文明素质全面提升，安全生产保障能力显著增强，为实现中华民族伟大复兴的中国梦奠定稳固可靠的安全生产基础。

"两步走"战略目标明确了安全生产领域改革发展的主要方向和时间路线。这两个目标既相互承接，又各有侧重。相互承接，就是按序前进，要求安全生产改革发展要积极顺应我国经济社会发展的大势，顺应社会主义现代化建设"两个一百年"奋斗目标的实现，坚持标本兼治，提高我国安全生产工作的总体水平。各有侧重，就是第一个目标主要解决与全面建成小康社会不适应的问题，全力控制生产安全事故总量，全力遏制重特大生产安全事故

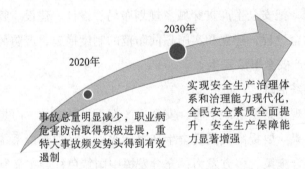

图 11 安全生产领域改革发展两个阶段性目标任务

频发势头，使广大人民群众切实感受到安全环境的改善和安全感的提高；第二个目标是在完成第一个目标的基础上，取得安全生产工作更加稳固、更加本质的进步，实现安全生产法制、体制、机制、制度和手段体系的科学、成熟、有效亦即现代化。

五、安全生产领域改革发展的
对策、措施与建议

（一）健全落实安全生产责任体系

认真贯彻落实党的十八届五中全会精神和习近平总书记重要指示要求，在总结各地区有效做法的基础上，建议从5个方面健全落实安全生产责任体系：明确地方党委和政府领导责任；厘清安全生产综合监管与行业监管的关系，明确各有关部门安全生产和职业健康工作责任，并落实到部门职责规定中；建立健全一系列制度机制，进一步压实企业主体责任；充分发挥考核和责任追究的作用，强化责任落实。

1. 明确地方党委政府的领导责任

地方各级党委和政府要始终把安全生产摆在重要位置，加强组织领导。党政主要负责人是本地区安全生产第一责任人，班子其他成员对分管范围内的安全生产工作负领导责任。地方各级安全生产委员会主任由政府主要负责人担任，成员由同级党委和政府及相关部门负责人组成。

地方各级党委要认真贯彻执行党的安全生产方针，在统揽本地区经济社会发展全局中同步推进安全生产工作，定期研究决定安全生产重大问题。加强安全生产监管机构领导班子、干部队伍建设。严格安全生产履职绩效考核和失职责任追究。强化安全生产宣传教育和舆论引导。发挥人大对安全生产工作的监督促进作用、政协对安全生产工作的民主监督作用。推动组织、宣传、政法、机构编制等单位支持保障安全生产工作。动员社会各界积极参与、支持、监督安全生产工作。

地方各级政府要把安全生产纳入经济社会发展总体规划，制定实施安全生产专项规划，健全安全投入保障制度。及时研究部署安全生产工作，严格落实属地监管责任。充分发挥安全生产委员会作用，实施安全生产责任目标管理。建立安全生产巡查制度，督促各部门和下级政府履职尽责。加强安全生产监管执法能力建设，推进安全科技创新，提升信息化管理水平。严格安全准入标准，指导管控安全风险，督促整治重大隐患，强化源头治理。加强应急管理，完善安全生产应急救援体系。依法依规开展事故调查处理，督促落实问题整改。

2.明确部门监管责任

按照管行业必须管安全、管业务必须管安全、管生产经营必须管安全和谁主管谁负责的原则，厘清安全生产综合监管与行业监管的关系，明确各有关部门安全生产和职业健康工作职责，并落实到部门工作职责规定中。安全生产监督管理部门负责安全生产法规标准和政策规划制定修订、执法监督、事故调查处理、应急救援管理、统计分析、宣传教育培训等综合性工作，承担职责范围内行业领域安全生产和职业健康监管执法职责。负有安全生产监督管理职责的有关部门依法依规履行相关行业领域安全生产和职业健康监管职责，强化监管执法，严厉查处违法违规行为。其他行业领域主管部门负有安全生产管理责任，要将安全生产工作作为行业领域管理的重要内容，从行业规划、产业政策、法规标准、行政许可等方面加强行业安全生产工作，指导督促企事业单位加强安全管理。党委和政府其他有关部门要在职责范围内为安全生产工作提供支持保障，共同推进安全发展。

3.严格落实企业主体责任

企业要对本单位安全生产和职业健康工作负全面责任，严格履行安全生产法定责任，建立健全自我约束、持续改进的内生机制。企业实行全员安全生产责任制度，法定代表人和实际控制人同为安全生产第一责任人，主要技术负责人负有安全生产技术决策和指挥权，强化部门安全生产职责，落实一岗双责。完善落实混合所有制企业以及跨地区、多层级和境外中资企业投资主体的安全生产责任。建立企业全过程安全生产和职业健康管理制度，做到安全责任、管理、投入、培训和应急救援"五到位"。国有企业要发挥安全生产工作示范带头作用，自觉接受属地监管。

4.健全责任考核机制

建立与全面建成小康社会相适应和体现安全发展水平的考核评价体系。

完善考核制度，统筹整合、科学设定安全生产考核指标，加大安全生产在社会治安综合治理、精神文明建设等考核中的权重。各级政府要对同级安全生产委员会成员单位和下级政府实施严格的安全生产工作责任考核，实行过程考核与结果考核相结合。各地区各单位要建立安全生产绩效与履职评定、职务晋升、奖励惩处挂钩制度，严格落实安全生产"一票否决"制度。

5. 严格责任追究制度

实行党政领导干部任期安全生产责任制，日常工作依责尽职、发生事故依责追究。依法依规制定各有关部门安全生产权力和责任清单，尽职照单免责、失职照单问责。建立企业生产经营全过程安全责任追溯制度。严肃查处安全生产领域项目审批、行政许可、监管执法中的失职渎职和权钱交易等腐败行为。严格事故直报制度，对瞒报、谎报、漏报、迟报事故的单位和个人依法依规追责。对被追究刑事责任的生产经营者依法实施相应的职业禁入，对事故发生负有重大责任的社会服务机构和人员依法严肃追究法律责任，并依法实施相应的行业禁入。

（二）改革安全监管监察体制

针对当前安全生产监管监察体制存在的问题，借鉴国内部分地区安全生产领域改革创新实践，社会治安综合治理、城市执法、文化市场综合执法等行业领域体制改革的有效做法，以及国外安全生产监管的先进经验，就完善监督管理体制、改革重点行业领域安全生产监管监察体制、进一步完善地方监管执法体制、健全应急救援管理体制4个方面提出安全生产监管监察体制改革的基本思路和措施建议。

1. 完善监督管理体制

加强各级安全生产委员会组织领导，充分发挥其统筹协调作用，切实解决突出矛盾和问题。各级安全生产监督管理部门承担本级安全生产委员会日常工作，负责指导协调、监督检查、巡查考核本级政府有关部门和下级政府安全生产工作，履行综合监管职责。负有安全生产监督管理职责的部门，依照有关法律法规和部门职责，健全安全生产监管体制，严格落实监管职责。相关部门按照各自职责建立完善安全生产工作机制，形成齐抓共管格局。坚持管安全生产必须管职业健康，建立安全生产和职业健康一体化监管执法体制。

2.改革重点行业领域安全监管监察体制

依托国家煤矿安全监察体制，加强非煤矿山安全生产监管监察，优化安全监察机构布局，将国家煤矿安全监察机构负责的安全生产行政许可事项移交给地方政府承担。着重加强危险化学品安全监管体制改革和力量建设，明确和落实危险化学品建设项目立项、规划、设计、施工及生产、储存、使用、销售、运输、废弃处置等环节的法定安全监管责任，建立有力的协调联动机制，消除监管空白。完善海洋石油安全生产监督管理体制机制，实行政企分开。理顺民航、铁路、电力等行业跨区域监管体制，明确行业监管、区域监管与地方监管职责。

3.进一步完善地方监管执法体制

地方各级党委和政府要将安全生产监督管理部门作为政府工作部门和行政执法机构，加强安全生产执法队伍建设，强化行政执法职能。统筹加强安全监管力量，重点充实市、县两级安全生产监管执法人员，强化乡镇（街道）安全生产监管力量建设。完善各类开发区、工业园区、港区、风景区等功能区安全生产监管体制，明确负责安全生产监督管理的机构，以及港区安全生产地方监管和部门监管责任。

4.健全应急救援管理体制

按照政事分开原则，推进安全生产应急救援管理体制改革，强化行政管理职能，提高组织协调能力和现场救援时效。健全省、市、县三级安全生产应急救援管理工作机制，建设联动互通的应急救援指挥平台。依托公安消防、大型企业、工业园区等应急救援力量，加强矿山和危险化学品等应急救援基地和队伍建设，实行区域化应急救援资源共享。

（三）完善依法治理体系

在全面推进依法治国总体要求下，结合安全生产工作实际，建议从健全法律法规体系、完善标准体系、严格安全准入制度、规范监管执法行为、完善执法监督机制、健全监管执法保障体系、完善事故调查处理机制7个方面，就推进安全生产依法治理提出了措施建议，推动安全生产工作纳入法治化轨道，实现"有法可依、有法必依、执法必严、违法必究"。

1. 健全法律法规体系

建立健全安全生产法律法规立改废释工作协调机制。加强涉及安全生产相关法规一致性审查，增强安全生产法制建设的系统性、可操作性。制定安全生产中长期立法规划，加快制定修订安全生产法配套法规。加强安全生产和职业健康法律法规衔接融合。研究修改刑法有关条款，将生产经营过程中极易导致重大生产安全事故的违法行为列入刑法调整范围。制定完善高危行业领域安全规程。设区的市根据《中华人民共和国立法法》的立法精神，加强安全生产地方性法规建设，解决区域性安全生产突出问题。

2. 完善标准体系

加快安全生产标准制定修订和整合，建立以强制性国家标准为主体的安全生产标准体系。鼓励依法成立的社会团体和企业制定更加严格规范的安全生产标准，结合国情积极借鉴实施国际先进标准。国务院安全生产监督管理部门负责生产经营单位职业危害预防治理国家标准制定发布工作；统筹提出安全生产强制性国家标准立项计划，有关部门按照职责分工组织起草、审查、实施和监督执行，国务院标准化行政主管部门负责及时立项、编号、对外通报、批准并发布。

3. 严格安全准入制度

严格高危行业领域安全准入条件。按照强化监管与便民服务相结合原则，科学设置安全生产行政许可事项和办理程序，优化工作流程，简化办事环节，实施网上公开办理，接受社会监督。对与人民群众生命财产安全直接相关的行政许可事项，依法严格管理。对取消、下放、移交的行政许可事项，要加强事中事后安全监管。

4. 规范监管执法行为

完善安全生产监管执法制度，明确每个生产经营单位安全生产监督和管理主体，制定实施执法计划，完善执法程序规定，依法严格查处各类违法违规行为。建立行政执法和刑事司法衔接制度，负有安全生产监督管理职责的部门要加强与公安、检察院、法院等协调配合，完善安全生产违法线索通报、案件移送与协查机制。对违法行为当事人拒不执行安全生产行政执法决定的，负有安全生产监督管理职责的部门应依法申请司法机关强制执行。完善司法机关参与事故调查机制，严肃查处违法犯罪行为。研究建立安全生产民事和行政公益诉讼制度。

5. 完善执法监督机制

各级人大常委会要定期检查安全生产法律法规实施情况，开展专题询问。各级政协要围绕安全生产突出问题开展民主监督和协商调研。建立执法行为审议制度和重大行政执法决策机制，评估执法效果，防止滥用职权。健全领导干部非法干预安全生产监管执法的记录、通报和责任追究制度。完善安全生产执法纠错和执法信息公开制度，加强社会监督和舆论监督，保证执法严明、有错必纠。

6. 健全监管执法保障体系

制定安全生产监管监察能力建设规划，明确监管执法装备及现场执法和应急救援用车配备标准，加强监管执法技术支撑体系建设，保障监管执法需要。建立完善负有安全生产监督管理职责的部门监管执法经费保障机制，将监管执法经费纳入同级财政全额保障范围。加强监管执法制度化、标准化、信息化建设，确保规范高效监管执法。建立安全生产监管执法人员依法履行法定职责制度，激励保证监管执法人员忠于职守、履职尽责。严格监管执法人员资格管理，制定安全生产监管执法人员录用标准，提高专业监管执法人员比例。建立健全安全生产监管执法人员凡进必考、入职培训、持证上岗和定期轮训制度。统一安全生产执法标志标识和制式服装。

7. 完善事故调查处理机制

坚持问责与整改并重，充分发挥事故查处对加强和改进安全生产工作的促进作用。完善生产安全事故调查组组长负责制。健全典型事故提级调查、跨地区协同调查和工作督导机制。建立事故调查分析技术支撑体系，所有事故调查报告要设立技术和管理问题专篇，详细分析原因并全文发布，做好解读，回应公众关切。对事故调查发现有漏洞、缺陷的有关法律法规和标准制度，及时启动制定修订工作。建立事故暴露问题整改督办制度，事故结案后一年内，负责事故调查的地方政府和国务院有关部门要组织开展评估，及时向社会公开，对履职不力、整改措施不落实的，依法依规严肃追究有关单位和人员责任。

（四）建立安全预防控制体系

安全生产理论和实践证明，只有坚持风险预控、关口前移，强化隐患排查治理，才能更为有效地防范重特大生产安全事故发生。要建立系统化的安全预防控制体系，把风险控制在隐患形成之前，把隐患消灭在萌芽状态。建议从加强安全风险管控、强化企业预防措施、建立隐患治理监督机制、强化城市运行安全保障、加强重点领域工程治理、建立完善职业病防治体系等方面入手，建立安全预防控制体系。

1. 加强安全风险管控

地方各级政府要建立完善安全风险评估与论证机制，科学合理确定企业选址和基础设施建设、居民生活区空间布局。高危项目审批必须把安全生产作为前置条件，城乡规划布局、设计、建设、管理等各项工作必须以安全为前提，实行重大安全风险"一票否决"。加强新材料、新工艺、新业态安全风险评估和管控。紧密结合供给侧结构性改革，推动高危产业转型升级。位置相邻、行业相近、业态相似的地区和行业要建立完善重大安全风险联防联控机制。构建国家、省、市、县四级重大危险源信息管理体系，对重点行业、重点区域、重点企业实行风险预警控制，有效防范重特大生产安全事故。

2. 强化企业预防措施

企业要定期开展风险评估和危害辨识。针对高危工艺、设备、物品、场所和岗位，建立分级管控制度，制定落实安全操作规程。树立隐患就是事故的观念，建立健全隐患排查治理制度、重大隐患治理情况向负有安全生产监督管理职责的部门和企业职代会"双报告"制度，实行自查自改自报闭环管理。严格执行安全生产和职业健康"三同时"制度。大力推进企业安全生产标准化建设，实现安全管理、操作行为、设备设施和作业环境的标准化。开展经常性的应急演练和人员避险自救培训，着力提升现场应急处置能力。

3. 建立隐患治理监督机制

制定生产安全事故隐患分级和排查治理标准。负有安全生产监督管理职责的部门要建立与企业隐患排查治理系统联网的信息平台，完善线上线下配套监管制度。强化隐患排查治理监督执法，对重大隐患整改不到位的企业依法采取停产停业、停止施工、停止供电和查封扣押等强制措施，按规定给予上限经济处罚，对构成犯罪的要移交司法机关依法追究刑事责任。严格重大隐患挂牌督办制度，对整改和督办不力的纳入政府核查问责范围，实行约谈告诫、公开曝光，情节严重的依法依规追究相关人员责任。

4. 强化城市运行安全保障

定期排查区域内安全风险点、危险源，落实管控措施，构建系统性、现代化的城市安全保障体系，推进安全发展示范城市建设。提高基础设施安全配置标准，重点加强对城市高层建筑、大型综合体、隧道桥梁、管线管廊、轨道交通、燃气、电力设施及电梯、游乐设施等的检测维护。完善大型群众性活动安全管理制度，加强人员密集场所安全监管。加强公安、民政、国土资源、住房城乡建设、交通运输、水利、农业、安全监管、气象、地震等相关部门的协调联动，严防自然灾害引发事故。

5. 加强重点领域工程治理

深入推进对煤矿瓦斯、水害等重大灾害以及矿山采空区、尾矿库的工程治理。加快实施人口密集区域的危险化学品和化工企业生产、仓储场所安全搬迁工程。深化油气开采、输送、炼化、码头接卸等领域安全整治。实施高速公路、乡村公路和急弯陡坡、临水临崖危险路段公路安全生命防护工程建设。加强高速铁路、跨海大桥、海底隧道、铁路浮桥、航运枢纽、港口等防灾监测、安全检测及防护系统建设。完善长途客运车辆、旅游客车、危险物品运输车辆和船舶生产制造标准，提高安全性能，强制安装智能视频监控报警、防碰撞和整车整船安全运行监管技术装备，对已运行的要加快安全技术装备改造升级。

（五）夯实安全基础保障体系

安全生产工作具有长期性、复杂性、艰巨性的特点，要实现安全发展，必须强基固本。建议从完善安全生产投入长效机制、建立安全科技支撑体系、健全安全宣传教育体系等方面，夯实安全生产基础，加快织密安全生产保障网。

1. 大力培育专业技术服务机构

将安全生产专业技术服务纳入现代服务业发展规划，培育多元化服务主体。重点扶持有实力的专业技术服务机构，打破地域和行业壁垒，发展壮大技术服务力量，建立多功能的综合服务体，通过开展跨行业、跨地区兼并重组，推动形成行业龙头企业，打造有影响力的服务品牌。建立安全生产和职业健康技术服务机构公示制度和由第三方实施的信用评定制度，严肃查处租借资质、违法挂靠、弄虚作假、垄断收费等各类违法违规行为。建立政府购买安全生产服务制度。支持地方围绕自身区域优势和产业定位，建设安全产业孵化基地或科技园区。支持发展安全生产专业化行业组织，强化自治自律。

2. 实施安全生产责任保险制度

取消安全生产风险抵押金制度，建立健全安全生产责任保险制度，在矿山、危险化学品、烟花爆竹、交通运输、建筑施工、民用爆炸物品、金属冶炼、渔业生产等高危行业领域强制实施，切实发挥保险机构参与风险评估管控和事故预防功能。充分运用保险差别费率和浮动费率的杠杆作用，推动企业加强安全管理，不断提高从业人员安全技能，改善现场作业环境。建立激励推动机制。建立保险机构和技术服务机构事故预防合作机制。将企业投保安责险的情况，纳入安全生产标准化、安全生产诚信等级评定等的条件。将实施安全生产责任保险制度情况纳入安全生产工作考核内容，加大推行力度。运用"互联网+"的思维模式，建立国家和地方各级安责险信息服务平台，将投保安责险的企业和保险机构纳入到该平台当中进行统一服务与管理，实现与安全生产监管信息化平台有效对接，与保险监管部门互联互通。

3. 完善注册安全工程师制度

借鉴发达国家和我国注册税务师、注册会计师管理经验，由社会组织承担注册安全工程师的注册管理，开展执业资格考试评价、继续教育、登记服务和信用管理工作，搭建注册安全工程师服务、交流、自律、维权平台。根据行业领域安全生产特点，将注册安全工程师细分为煤矿安全、金属与非金属矿山安全、危险物品安全、工程建设安全、金属冶炼安全、交通运输安全、机械制造安全、安全评价检测、职业卫生等专业类别。设立高级注册安全工程师等级，与相应的技术职称同等待遇，形成注册安全工程师初级、中级、高级职业发展通道。制定注册安全工程师事务所发展指导意见，明确注册安全工程师事务所设立的标准条件、发展规划、鼓励措施等内容，支持鼓励取得注册安全工程师执业资格的人员创业，成立事务所，深度服务相关产业。

4. 加强安全生产诚信体系建设

完善守信"红名单"和失信"黑名单"制度。对安全生产诚实守信企业，开辟"绿色通道"，在相关安全生产行政审批等工作中优先办理，通过提供信用保险、信用担保、商业保理、履约担保、信用管理咨询及培训等服务，在项目立项和改扩建、土地使用、贷款、融资和评优表彰及企业负责人年薪确定等方面将安全生产诚信结果作为重要参考。对失信企业实施重点监管监察，对企业法定代表人、主要负责人一律取消评优评先资格，通过组织约谈、强制培训等方式予以诫勉，将其不良行为记录及时公开曝光。强化对安全生产失信"黑名单"企业实行联动管制措施，在审批相关企业发行股票、债券、再融资等事项时，予以严格审查。

5. 完善安全投入长效机制

加强中央和地方财政安全生产预防及应急相关资金使用管理，加大安全生产与职业健康投入，强化审计监督。加强安全生产经济政策研究，完善安全生产专用设备企业所得税优惠目录。落实企业安全生产费用提取管理使用制度，建立企业增加安全投入的激励约束机制。健全投融资服务体系，引导企业集聚发展灾害防治、预测预警、检测监控、个体防护、应急处置、安全文化等技术、装备和服务产业。

6. 建立安全科技支撑体系

优化整合国家科技计划，统筹支持安全生产和职业健康领域科研项目，加强研发基地和博士后科研工作站建设。开展事故预防理论研究和关键技术装备研发，加快成果转化和推广应用。推动工业机器人、智能装备在危险工序和环节广泛应用。提升现代信息技术与安全生产融合度，统一标准规范，加快安全生产信息化建设，构建安全生产与职业健康信息化全国"一张网"。加强安全生产理论和政策研究，运用大数据技术开展安全生产规律性、关联性特征分析，提高安全生产决策科学化水平。

7. 健全安全宣传教育体系

将安全生产监督管理纳入各级党政领导干部培训内容。把安全知识普及纳入国民教育，建立完善中小学安全教育和高危行业职业安全教育体系。把安全生产纳入农民工技能培训内容。严格落实企业安全教育培训制度，切实做到先培训、后上岗。推进安全文化建设，加强警示教育，强化全民安全意识和法治意识。发挥工会、共青团、妇联等群团组织作用，依法维护职工群众的知情权、参与权与监督权。加强安全生产公益宣传和舆论监督。建立安全生产"12350"专线与社会公共管理平台统一接报、分类处置的举报投诉机制。鼓励开展安全生产志愿服务和慈善事业。加强安全生产国际交流合作，学习借鉴国外安全生产与职业健康先进经验。

专 题

专题一　安全生产责任体系研究

　　党的十八届五中全会指出，要完善和落实安全生产责任和管理制度。习近平总书记在中央政治局第 23 次集体学习时强调，要全面抓好安全生产责任制和管理、防范、监督、检查、奖惩措施的落实，细化落实各级党委和政府的领导责任、相关部门的监管责任、企业的主体责任。责任制是安全生产的灵魂，只有明晰各地区、各部门、各单位的安全生产工作责任和企业安全生产主体责任，采取有效的考核奖惩等制度措施，才能将安全生产各项规定和政策真正落到实处、见到实效，从而切实维护人民群众生命财产安全和健康权益。

一、安全生产责任体系建设与发展

　　我国的安全生产责任制完善、责任体系建设和责任落实工作一直在不断地推进，特别是党的十八大以来，党中央、国务院非常重视安全生产尤其是责任制完善、责任体系建设和责任落实工作，作出了一系列重大决策部署，提出了一系列明确严格的要求，特别是习近平总书记作出"党政同责、一岗双责、齐抓共管、失职追责"和"管行业必须管安全、管业务必须管安全、管生产经营必须管安全"等重要论述和指示后，各地区、各部门和单位认真学习宣传贯彻落实，推动安全生产责任制完善、责任体系建设和责任落实工作取得了突破性、跨越性、历史性进展，主要体现在以下几方面：党中央、国务院关于安全生产工作的一系列决策部署得到认真贯彻落实，特别是安全保障和安全生产方面的重要思想日益深入人心，各级党委、政府向党中央看齐，对安全生产工作的领导普遍得到加强；基本构建起了党政统一领导、部门依法监管、企业全面负责、员工全员参与、社会监督支持和各方齐抓共管、干部一岗双责、失职严厉追责的基本领导体制、责任体系、管理制度和工作格局；各级行政首长担任安委会主任达到了100%，即"五级五覆盖"，企业"五落实五到位"状况总体向好；"三个必须"的具体责任从上到下、纵横两向得到进一步明确，推进落实工作取得了很大成效；政府及其有关部门的安全监管职责进一步明晰细化，安全监管工作正在逐步得到强化；绝大多数企业安全生产主体责任得到很好落实。

（一）党委政府安全生产领导责任体系

1. 党委政府安全生产领导责任的建立

长期以来，我国安全生产工作党政不同责、党政分管分抓分责较为普遍，党在安全生产工作中的领导作用被严重弱化，不仅事情管不好、做不好，而且造成一些不合理现象。与此同时，政府负有监管企业的职责、承担监管失察的责任，出了生产安全事故或者安全生产死亡人数超过指标，政府监管人员要被追责，因此，政府的副职行政首长特别是排名靠前的副职行政首长不愿意分管安全生产。从全国范围来看，很少看到党委常委分管安全生产，普遍由新上任排名靠后的副职分管安全生产，由于分管领导地位不高，提出的人、财、物等加强安全生产工作的请求难以得到本级党委常委会和政府常务会的足够重视，于是安全生产就陷入"看起来重要、干起来次要、忙起来不要"的尴尬境地。

党的十八大以来，以习近平同志为核心的党中央旗帜鲜明坚持和加强党的全面领导，把党的领导贯穿到治国理政全部活动中。安全生产党政同责是以习近平同志为核心的新一届中央领导集体提出的新要求、新标准，充分体现新一届领导集体实事求是、求真务实、从实际问题出发的工作作风，充分体现中央全面从严治党、严管干部的担当和决心。2013 年 7 月 18 日召开的中央政治局第 28 次常委会上，习近平总书记强调："落实安全生产责任制，要落实行业主管部门直接监管、安全监管部门综合监管、地方政府属地监管，坚持管行业必须管安全，管业务必须管安全，管生产必须管安全，而且要党政同责、一岗双责、齐抓共管。该担责任的时候不负责任，就会影响党和政府的威信"。山东青岛"11·22"事故后，习近平总书记作出重要指示，"各级党委和政府、各级领导干部要牢固树立安全发展理念，始终把人民群众生命安全放在第一位。各地区各部门、各类企业都要坚持安全生产高标准、严要求，招商引资、上项目要严把安全生产关，加大安全生产指标考核权重，实行安全生产和重大安全生产事故风险'一票否决'。责任重于泰山。要抓紧建立健全安全生产责任体系，党政一把手必须亲力亲为、亲自动手抓。要把安全责任落实到岗位、落实到人头，坚持管行业必须管安全、管业务必须管安全，加强督促检查、严格考核奖惩，全面推进安全生产工作"。天津滨海新区"8·12"事故后，习近平总书记3天内两次作出重要指示，"确保安全生产、维护社会安定、保障人民群众安居乐业是各级党委和政府必须承担好的重要责任"，"各级党委和政府要牢固树立安全发展理念，坚持人民利益至上，始终把安全生产放在首要位置，切实维护人民群众生命财产安全。要坚决落实安全生产责任制，切实做到党政同责、一岗双责、失职追责"。党政同责，就是党政部门及干部共同担当、共同负责。"一岗双责"指既要抓好本人分管的具体工作，又要以同等的注意力和责任心抓好所处或分管部门的党务或行政工作。"一岗"就是职务所对应的岗位；"双责"就是相关人员不仅要对所在岗位承担的具体工作负责，还要对所在岗位或部门相应的"其他事项"责任。做到同研究、同规划、同布置、同检查、同考核、同问责，真正做到党政工作"两手抓、两手都要硬"，使两方面工作齐头并进。

青岛黄岛讲话后，各地区、各部门以最坚决的态度贯彻落实习近平总书记关于安全生产的重要指示批示精神。国家安全监管总局领导带队深入32个省级单位开展宣讲、与全国安全生产重点县的县委书记和县长进行谈心对话，推动建立"党政同责、一岗双责、齐抓共管"的安全生产责任体系。目前，全国所有省级党委政府都制定了"党政同责"具体规定；所有省级政府主要负责人都担任安委会主任；所有省份都落实了"一岗双责"；加大安全生产在经济社会发展中的量化考核权重；每季度由各级安监机构向组织部门报送安全生产情况，纳入领导干部政绩业绩考核内容，安全生产齐抓共管的新格局已经形成。

2. 党委政府的安全生产领导责任

（1）党委安全生产领导责任。目前，国家层面对于党委的安全生产领导责任尚无具体明确的规定，但很多地区在"党政同责、一岗双责"制度中对党委的安全生产领导责任提出了具体要求。例如《福建省安全生产"党政同责、一岗双责"规定》中，明确各级党委安全生产工作职责包括：贯彻落实党中央、国务院关于加强安全生产工作的方针、政策和上级党委政府关于安全生产工作的决策、部署和要求；安全生产工作纳入党委工作全局和经济社会发展规划纲要，摆上重要议事日程，加强组织领导，支持政府及其部门履行安全生产工作职责；领导和督促党委工作部门做好安全生产相关工作；将安全生产纳入宣传教育范畴，组织、协调新闻媒体加强安全生产宣传报道，把握安全生产宣传导向，营造良好的安全生产宣传舆论氛围；将安全生产工作纳入领导干部实绩考核范围，考核结果作为干部选拔任用、晋职晋级、奖励惩戒的参考；安全生产工作纳入经济社会发展、精神文明建设、党风廉政建设、综治"平安建设"体系中，加大考核权重；强化安全生产工作机构队伍建设，理顺部门之间安全生产工作职责，配备与安全生产监管任务相适应的人员力量，调动人员积极性。

（2）政府安全生产领导责任。根据《安全生产法》第九条规定以及"三个必须"的要求，县级以上人民政府应当落实安全生产工作责任制，履行下列职责：将安全生产纳入国民经济和社会发展总体规划，制定专项规划并组织实施；建立健全安全生产协调机制，定期研究部署安全生产工作，及时协调、解决相关重大问题；建立健全安全生产行政责任制，实施安全生产目标责任管理，确保工作所需经费；建立安全生产巡查制度，督促本级人民政府有关主管部门和下级人民政府加强安全生产工作；建立安全风险管控和隐患排查治理双重预防体系，组织有关主管部门对本行政区域内容易发生重大生产安全事故的生产经营单位进行监督检查，督促整治重大事故隐患，依法关闭违法生产经营单位；加强安全生产监管执法能力和服务体系建设，提升信息化管理水平；建立健全生产安全事故应急救援体系，组织有关主管部门制定事故应急救援预案，并按照预案要求组织应急救援，依法开展事故调查处理；法律、法规等规定的其他职责。

县级以上人民政府安全生产委员会应当研究提出年度安全生产管理目标任务，定期召开全体会议，研究并协调解决安全生产工作中存在的重大问题，安排部署安全生产工作。

乡（镇）人民政府和街道办事处应当加强对本行政区域内生产经营单位

安全生产状况的监督检查，协助上级人民政府有关主管部门依法履行安全生产监督管理职责。开发区、工业园区等各类园区管理机构负责管理区域内的安全生产工作，按照有关规定履行安全生产管理职责。

3. 落实党委政府安全生产领导责任的机制手段

（1）安全生产工作巡查。十八大以后，实行党政同管、同抓、同责，在各个方面都取得了良好效果，特别是在安全生产方面，安全率明显提高、事故率逐步下降。为了进一步督促地方党委、政府落实安全生产责任，2016年1月25日，国务院安全生产委员会印发《安全生产巡查工作制度》，国务院安委会定期或不定期派出安全生产巡查组，对各省级人民政府安全生产工作进行巡查，根据工作需要，可延伸巡查市（地）、县级人民政府和有关重点企业。巡查工作的主要内容有：贯彻落实党中央、国务院关于安全生产工作的重要决策部署和党中央、国务院领导同志关于加强安全生产工作的系列重要指示批示精神情况；安全生产规划、职业病防治规划制定和实施情况，加强安全基础建设，坚持标本兼治、综合治理，落实安全投入，实施"科技强安"，强化安全培训，不断提高安全风险预防控制能力等情况；按照"党政同责、一岗双责、失职追责"的要求，落实属地管理责任、部门监管责任和企业主体责任，强化安全生产工作目标考核，落实国务院安委会印发的年度工作要点等情况；依法依规组织开展"打非治违"、重点行业领域专项整治，重大隐患排查整治，安全风险辨识、重大危险源管控等情况；完善安全生产监管体制，强化安全执法力量，加强监管监察能力建设和应急管理工作，落实监管执法保障措施等情况；全面推进安全生产领域信用体系建设，开展安全生产标准化建设，建立隐患排查治理制度等情况；依法依规调查处理各类生产安全事故，落实责任追究和整改措施，开展安全生产统计，及时如实报送事故信息等情况；有关安全生产举报信息的核查处理情况；国务院安委会部署的其他事项落实情况。

（2）安全生产工作考核。2016年8月12日，国务院办公厅印发了《省级政府安全生产工作考核办法》，对省级政府安全生产工作的考核内容包括以下方面：健全责任体系。坚持管行业必须管安全、管业务必须管安全、管生产经营必须管安全，明确和落实党委政府领导责任、部门监管责任、企业主体责任，强化属地管理，严格工作考核，切实做到"党政同责、一岗双责、失职追责"；推进依法治理。坚持有法必依、执法必严、违法必究，严格执行安全生产法律法规，完善地方安全生产法规规章和标准体系，加强安全生产监管执法能力建设，依法依规查处各类生产安全事故；完善体制机制。健全安全生产监管执法机构，强化基层监管执法力量，落实监管执法经费、装备，创新监管机制，提高执法效能，健全安全生产应急救援管理体系；强化安全预防。建立和落实安全风险分级管控与隐患排查治理双重预防性工作机制，深入推进企业安全生产标准化建设，积极实施安全保障能力提升工程；强化基础建设。加大安全投入，提高安全科技和信息化水平，加强安全宣传教育培训，发挥市场机制推动作用，筑牢安全生产和职业卫生基础；防范遏制事故。加强重点行业领域事故防控，生产安全事故起数、死亡人数进一步减少，重特大事故得到有效遏制。在具体考核过程中，国务院安全生产委员会根据当年的工作重点印发《省级政府安全生产工作考核细则》，以确保各级党政部门要根据不同的历史时期、不同的社会发展阶段，针对不同情况、不同事项，建立不同内容的"共管""双责"和"同责"责任制，保证日常工作共管化、双责化、同责化。

（3）安全生产责任问责。党政领导干部问责制是指党政领导干部，因决策严重失误、工作失职、用人不当、监督不力、滥用职权等不当行为或违法行为，造成重大损失或者恶劣影响时，进行责任追究的一种制度。在安全生产领域，2001年公布实施的《国务院关于特大安全事故行政责任追究的规定》和2009年两办印发的《关于实行党政领导干部问责的暂行规定》，是对地方党委、政府安全生产责任问责的依据。当前，对地方党政领导干部安全生产责任问责已形成制度化、常态化工作机制。特别是党的十八大以来，党中央和国务院，本着对国家和人民高度负责的态度，对重特大生产安全事故依法严格追责、严厉问责、严肃查处，一大批地方党政领导干部因此被处分、撤职。

（二）政府部门安全生产监管责任体系

我国安全生产监管体系采用分级监管与行业监管相结合的方式，负责安全生产监督管理的机构是应急管理部和各级地方政府所属的安全监管部门，负有安全生产监督管理责任的有关部门是指国务院和各级地方政府的有关行业管理部门，各级监管部门在各自职责范围内对有关安全生产工作进行监督管理，各部门之间相互独立运行又彼此联系配合。

根据《安全生产法》第九条：国务院有关部门依照本法和其他有关法律、行政法规的规定，在各自的职责范围内对有关的安全生产工作实施监督管理；县级以上地方各级人民政府有关部门依照本法和其他有关法律、法规的规定，在各自的职责范围内对有关的安全生产工作实施监督管理。

1. 部门安全监管职责

根据《安全生产法》的有关规定，安全生产监督管理部门对安全生产工作负有综合监管责任；政府有关部门在各自的职责范围内对有关行业、领域的安全生产工作负有行业管理责任。近年来，中央各有关部委、各省区不断创新、采取多种措施压实压紧安全生产监管职责、消除监管空白，进一步健全完善了政府安全生产监管责任体系。

按照《国务院安全生产委员会成员单位安全生产工作职责分工》（安委〔2015〕5号），国家安全监管总局主要承担以下职责：组织起草安全生产综合性法律法规草案，拟订安全生产政策和规划，指导协调全国安全生产工作，综合管理全国安全生产统计工作，分析和预测全国安全生产形势，发布全国安全生产信息，协调解决安全生产中的重大问题；承担国家安全生产综合监督管理责任，依法行使综合监督管理职权，指导协调、监督检查国务院有关部门和各省、自治区、直辖市人民政府安全生产工作，监督考核并通报安全生产控制指标执行情况，监督事故查处和责任追究落实情况；承担工矿商贸行业安全生产监督管理责任，按照分级、属地原则，依法监督检查工矿商贸生产经营单位贯彻执行安全生产法律法规情况及其安全生产条件和有关设备（包括海洋石油开采特种设备和非煤矿山井下特种设备，其他特种设备除外）、材料、劳动防护用品使用的安全生产管理工作，负责监督管理中央管理的工矿商贸企业安全生产工作；承担中央管理的非煤矿山企业和危险化学品、烟花爆竹生产经营企业安全生产准入管理责任，依法组织并指导监督实施安全生产准入制度；负责危险化学品安全监督管理综合工作和烟花爆竹生产、经营的安全生产监督管理工作；负责起草职业卫生监管有关法规，制定用人单位职业卫生监管相关规章，组织拟订国家职业卫生标准中的相关标准。负责用人单位职业卫生监督检查工作，依法监督用人单位贯彻执行国家有关职业病防治法律法规和标准情况。组织查处职业病危害事故和违法违规行为。负责监督管理用人单位职业病危害项目申报工作。负责职业卫生检测、评价技术服务机构的监督管理工作；同有关部门制定实施安全生产标准发展规划和年度计划。制定和发布工矿商贸行业安全生产规章、标准和规程并组织实施，监督检查安全生产标准化建设、重大危险源监控和重大事故隐患排查治理工作，依法查处不具备安全生产条件的工矿商贸生产经营单位；组织国务院安全生产大检查和专项督查，根据国务院授权，依法组织特别重大生产安全事故调查处理和办理结案工作，监督事故查处和责任追究落实情况。按照职责分工对工矿商贸行业事故发生单位落实防范和整改措施的情况进行监督检查；安全生产应急管理的综合监管，组织指挥和协调安全生产应急救援工作，会同有关部门加强生产安全事故应急能力建设，健全完善全国安全生产应急救援体系；负综合监督管理煤矿安全监察工作，拟订煤炭行业管理中涉及安全生产的重大政策，按规定制定煤炭行业规范和标准，指导煤矿企业安全生产标准化、相关科技发展和煤矿整顿关闭工作，对重大煤炭建设项目提出意见，会同有关部门审核煤矿安全技术改造和瓦斯综合治理与利用项目；指导监督职责范围内建设项目安全设施和职业卫生"三同时"工作；组织指导并监督特种作业人员（煤矿特种作业人员、特种设备作业人员除外）的操作资格考核工作和非煤矿山、危险化学品、烟花爆竹、金属冶炼等生产经营单位主要负责人、安全生产管理人员的安全生产知识和管理能力考核工作，监督检查工矿商贸生产经营单位安全生产培训和用人单位职业卫生培训工作；指导协调全国安全评价、安全生产检测检验工作，监督管理安全评价、安全生产检测检验、安全标志等安全生产专业服务机构，监督和指导注册安全工程师执业资格考试和注册管理工作；指导协调和监督全国安全生产行政执法工作；组织拟订安全生产科技规划，指导协调安全生产重大科技研究推广和安全生产信息化工作；组织开展安全生产方面的国际交流与合作；承担国务院安全生产委员会的日常工作和国务院安全生产委员会办公室的主要职责。

除工矿商贸行业外，按照"管行业必须管安全、管业务必须管安全、管生产经营必须管安全"和"谁主管、谁负责"的原则，交通、铁路、民航、水利、电力、建筑、国防工业、邮政、电信、旅游、特种设备、消防、核安全等行业领域安全监督管理工作分别由各自主管部门负责。

2. 综合监管与行业监管

综合监管是指按照分级、属地原则，各级人民政府安全生产监督管理部门依法对下级人民政府安全生产工作实施宏观指导、综合协调和监督检查。综合监管区别于对一个行业的安全管理，它是一种处于较高层次、较为宏观的监管，是站在全局和宏观的高度，把不同行业、不同领域、不同地区的安全生产工作统筹规划、突出重点、集中推动。在二者的层次上，综合监管所处的层次要高于行业监管，他们之间的关系不是行政上的领导与被领导的关系，是一种指导与被指导、监督与被监督的关系，也就是说，综合监管部门可以对专项监管、行业管理部门的安全生产工作情况进行指导、协调、监督与检查。综合监管作为安全监管部门的重要职责，近年来职能不断得到强化、体系逐步完善、制度不断健全，为推动全国安全生产形势持续稳定好转发挥了重要作用。

2001年，国家对安全生产监管体制进行重大改革，成立了国家安全生产监督管理局。在国务院批准的"三定方案"中，第一次明确提出综合监管职责，规定国家安全生产监督管理局综合管理全国安全生产工作，对安全生产行使国家监督职权，初步建立了分级管理的安全生产监督管理机构。

2002年，国家颁布实施了《安全生产法》，在第9条明确规定，"国务院负责安全生产监督管理的部门依照本法，对全国安全生产工作实施综合监督管理；县级以上地方各级人民政府负责安全生产监督管理的部门依照本法，对本行政区域内安全生产工作实施综合监督管理"，这是第一次把综合监管职责写入法律，实现了综合监管职责法定化。

2003年，为进一步加强安全监管机构建设，国务院在机构改革中，将国家安全监管局改为国务院直属机构，承担国务院安委会办公室日常工作，为更好地履行综合监管职责进一步从体制上提供了保证。

2005年，国务院将国家安全监管局升格为总局，在国务院批准的"三定规定"中明确规定安监总局"要依法行使综合监管职权，指导、协调和监督有关部门安全生产监督管理工作，对地方安全生产监督管理部门进行业务指导"。

2008年，国务院在新一轮机构改革中，为适应安全发展的需要，进一步强化了总局的安全监管职责，第一次在"三定规定"中，明确规定"要指导协调、监督检查国务院有关部门和各省、自治区、直辖市人民政府安全生产工作"。

2010 年初，为进一步落实行业主管部门安全监管职责，建立"职责明晰、权责一致、运转协调"的综合监管体系，总局以国务院安委会名义印发了《国务院安委会成员单位安全生产工作职责》，第一次从国家层面对安委会所有成员单位的安全生产工作职责依法进行了明确界定。

2010 年 7 月，国务院印发了《关于进一步加强企业安全生产工作的通知》（国发〔2010〕23 号），强调指出"进一步加强安全监管力度，强化安全生产监管部门对安全生产的综合监管，全面落实公安、交通、国土资源、建设、工商、质检等部门的安全生产监督管理及工业主管部门的安全生产指导职责，形成安全生产综合监管与行业监管指导相结合的工作机制，加强协作，形成合力"。

2013 年 7 月 18 日，习总书记提出"管行业必须管安全、管业务必须管安全、管生产经营必须管安全""一岗双责、齐抓共管"分工合理的安全生产监管责任构架，使安全生产的权、责、利更加匹配。

2014 年 8 月 31 日，第十二届全国人民代表大会常务委员会第十次会议通过全国人民代表大会常务委员会关于修改《安全生产法》的决定，自 2014 年 12 月 1 日起施行。新安法第一次从国家法律的层面明确了负有安全生产监督管理的部门是执法部门，而且赋予安全监管部门综合监督管理行业安全管理的职责。

在综合监管体系的建立健全过程中，各地区高度重视，从法规、制度、机制等方面进行了有益探索和创新实践，取得了很大成效。截至目前，全国 31 个省（区、市）全部出台了《安全生产条例》，对综合监管提供了更加明确的法规支撑；全部出台了《安委会成员单位安全生产工作职责规定》，明确了相关部门职责和综合监管职责定位；探索建立了通报、协调、考核、督查等一系列工作制度，确立了综合监管的工作途径；建立了联合执法工作机制，增强了部门工作合力，初步形成了齐抓共管的综合监管工作格局。

（三）企业安全生产主体责任体系

1.企业安全生产主体责任的确立和发展

改革开放之前，企业隶属于政府，政府和企业之间并没有明显的界限，行业主管部门在安全生产工作中处于主导地位、发挥着主导作用，企业安全管理更多的是政府行政管理的延伸，因此也就不存在企业安全生产主体责任的概念。改革开放至世纪之交，我国经济体制逐步从传统的计划经济体制向社会主义市场经济体制转变，非公经济在国民经济中的比重不断提升，大量涌现的三资、个体、私营等非公企业没有明确的行业主管部门，安全生产工作出现大量监管空白，原有的安全生产工作机制越来越难以为继，合理界定政府、监管部门与企业在安全生产工作上的职责、调动企业的积极性和主动性就显得尤为迫切。1998 年，为了进一步推动中国特色社会主义市场经济发展，正确处理政府和企业的关系，国务院对政府机构设置及其职能进行了大幅度调整，煤炭、冶金、化工、轻工、地质矿产等几乎所有的工业、专业经济部门被撤销，专业经济部门直接管理企业的体制被终结，原劳动部承担的安全生产监管监察职能被分解，分别交由国家经济贸易委员会、卫生部、国家质量技术监督局承担，国家经济贸易委员会成立安全生产局负责综合管理全国安全生产工作。此后，我国安全生产监管体制不断地变化和调整，直至2005 年国家安全生产监督管理局升格为国家安全生产监督管理总局，才形成了目前相对稳定的综合监管与行业监管、国家监察与地方监管、政府监督与其他方面监督相结合的工作机制，企业是安全生产的主体、承担安全生产主体责任才逐渐成为共识。

2004 年，《国务院关于进一步加强安全生产工作的决定》首次提出"强化管理，落实生产经营单位安全生产主体责任"。2014 年，《安全生产法》正式以法律的形式将"生产经营单位的主体责任"确立下来，在第三条明确规定"安全生产工作应当以人为本，坚持安全发展，坚持安全第一、预防为主、综合治理的方针，强化和落实生产经营单位的主体责任，建立生产经营单位负责、职工参与、政府监管、行业自律和社会监督的机制"。

企业安全生产主体责任自提出以来，强化和落实企业安全生产主体责任始终是安全生产工作的重要内容之一。一方面，不断加强企业安全生产主体责任理论研究，丰富企业安全生产主体责任内涵，并以法律法规形式加以固化。例如，新《安全生产法》在第二章"生产经营单位的安全生产保障"中用 32 个条目（17—48 条）的篇幅对生产经营单位的安全生产主体责任进行了详细规定。陕西、甘肃、河南、黑龙江、湖南、辽宁、山东等省区也先后制定了本地区的企业安全生产主体责任规定，对《安全生产法》等法律法规规定不够细致的内容进一步予以细化。另一方面，不断采取各种措施促进企业落实安全生产主体责任。例如，原国家安全监管总局先后印发《关于进一步加强企业安全生产规范化建设严格落实企业安全生产主体责任的指导意见》《关于进一步加强监管监察执法促进企业安全生产主体责任落实的意见的通知》，持续推进企业安全生产标准化建设，各地区也纷纷开展了各具特色的落实企业安全生产主体责任专项行动。

2.企业安全生产主体责任的内涵

从法学研究的角度看，安全生产主体责任是指生产经营单位，按照安全生产相关法律法规、规章及强制性标准的规定履行相应的职责或要求，并对未履行安全生产职责或违反相关要求所导致的后果承担的相应民事赔偿、行政处罚和刑事处罚。从构成要素上讲，安全生产主体责任包含职责要求和归责两部分。

1.企业安全生产职责。《安全生产法》第二章共计32条规定了企业的安全生产职责，主要涉及企业安全生产条件基本要求；主要负责人安全生产职责；安全生产责任制；安全投入；安全管理机构设置和人员配备及其职责和履职保障；企业主要负责人和安全管理人员能力素质要求；注册安全工程师制度；企业对从业人员、实习生、劳务派遣人员的安全生产教育培训；企业采用新工艺、新技术、新材料、新设备时的安全保障义务；特种人员管理；建设项目安全管理；对设备设施、生产经营场所、工艺的安全要求；严重危及生产安全的工艺设备淘汰制度；危险物品、危险作业和重大危险源管理；生产安全事故隐患排查治理制度；相关方和承发包管理；工伤保险和安责险等方面的内容。

《安全生产法》作为安全生产领域的上位法，对企业安全生产职责的规定较为严格，其他安全生产相关法律、法规、规范性文件作出的补充性或新增的规定或要求也是企业所必须履行的。总的来讲，随着研究和实践的深入，企业安全生产职责的内涵也越来越丰富。例如2016年印发的《北京市生产经营单位安全生产主体责任规范》，从9个方面丰富和细化了生产经营单位的安全生产主体责任。

2.企业安全生产责任追究。企业是安全生产责任主体，其所承担的安全生产主体责任是由法律法规和规范性文件所预先规定和要求的，是法定责任。当企业出现违法行为或法定事由时，按照责任法定原则对企业作出行政处罚或刑事处罚，同时，依据侵权责任法，按照过错原则和无过错原则追究企业的民事赔偿和侵害责任。

安全生产违法行为分为两类。指触犯了法律禁止性规范、实施了法律规定的违法行为，例如生产经营单位使用不合标准的生产设备、采用法律禁止的生产工艺；指本身负有法律规定的义务而不履行或疏于履行，例如生产经营单位明知有危险却不采取措施或者不及时报告致使发生重大伤亡事故。

根据实施违法行为时的主观因素、违法行为的形式、造成的损害结果、违法行为与损害结果之间的因果关系不同，企业分别承担相应的民事、行政或刑事责任。其中，安全生产责任行政处罚的核心要件是行为的违法性，即只考虑责任主体的行为是否违反法律的强制性规定，而不考虑其主观因素以及是否发生实际损害，如果责任主体实施了违反安全生产法律规范的不当行为，造成了安全隐患，也应当依法给予处罚。根据《安全生产法》和《安全生产违法行为行政处罚办法》的规定，安全生产违法行为行政处罚的种类有：警告；罚款；没收违法所得、没收非法开采的煤炭产品、采掘设备；责令停产停业整顿、责令停产停业、责令停止建设、责令停止施工；暂扣或者吊销有关许可证，暂停或者撤销有关执业资格、岗位证书；关闭；安全生产法律、行政法规规定的其他行政处罚。

在安全生产刑事法律责任中，损害结果是安全生产犯罪行为区别与安全生产行政违法行为的显著标志。刑法不仅以严重结果规定安全生产犯罪行为，而且以结果大小作为不同的量刑依据。刑法危害公共安全罪的安全生产犯罪行为都是以此设定的。如《中华人民共和国刑法》第136条规定："在生产、工作中违反有关安全管理规定，因而发生重大伤亡事故或者造成其他严重后果的，处三年以下有期徒刑或者拘役；情节特别恶劣的，处三年以上七年以下有期徒刑。"同样是违反安全管理规定行为，但是否"发生重大伤亡事故或者造成其他严重后果"决定了行为的性质从行政违法变成了犯罪。而"情节特别恶劣"使有期徒刑由"三年以下"变成"三年以上七年以下"。

安全生产民事责任中，不仅要考虑侵权所造成的损害事实，还要考虑违法行为与损害结果之间的因果关系。对于一般安全生产事故致人损害的行为适用预见性理论，安全生产中行为人由于过失对本应该预见的损害结果未能尽到合理的注意，导致损害的发生。损害结果在应该能够预见的范围之内，该行为就构成在法律上的损失发生的原因。

二、安全生产责任体系建设存在的主要问题

尽管通过抓安全生产责任制完善、责任体系建设和责任落实取得了实实在在、十分显著的成效，但是通过近年来发生的重特大事故，可以明显地看到我们在这方面差距还很大，问题还很多，有些甚至还很严重，如不切实加以重视、认真加以解决，势必影响安全生产工作的长远发展。

（一）党委、政府领导责任不明确

1. 地方党政领导干部安全生产责任制度不完善

缺乏常态化的机制来提高地方党政领导干部的安全生产履职能力。安全生产工作相对专业，对地方党政领导干部的履职能力有较高的要求。在安全生产领域，"换届年"是一个较为敏感的时段，容易出现抓安全生产工作组织领导不到位、工作责任不落实、监管措施不力、目标任务不明确、工作脱节等，从而导致安全监管工作出现"盲区""空档"。之所以会出现这种情况，主要在于换届时大部分分管安全生产的副省市县乡（镇）长是新提拔上来的领导干部，缺乏经验，监管思路和措施与前任相衔接也需要一个过程。

对地方党政领导干部安全生产责任的规定尚未上升到法律法规层面。目前，只有宁夏和甘肃以地方政府规章的形式规定了地方政府的安全生产职责，其余省区多是以地方性规范文件的形式提出相关要求，且重职责要求轻责任追究。对于地方党委领导干部安全生产职责的规定仅见于"党政同责"等相关规范性文件中，相关的考核工作尚处于空白。

2. 安全生产巡查、问责机制不健全

安全生产巡查层级偏低。2016 年 1 月，国务院安委会发布实施《安全生产巡查工作制度》，实现了安全生产领域巡视工作的制度化。但是，与中央环保督察相比，安全生产巡查在力度和级别方面都略显不足。中央环保督察组由生态环境部牵头、中纪委、中组部的相关领导参加，安全生产巡视组则

由巡查组由国务院安委会成员单位现职或近期退出领导岗位的领导干部、工作人员和有关安全生产专家组成。生态环境部内设环境监察局,下属华北、华东、华南、东北、西北、西南六个督察局,实现环境督查常态化。相比之下,安全生产巡查每两年才能实现各省份"全覆盖"。

安全生产领域党政领导干部问责往往都是"亡羊补牢"式的事故责任追究,问责对其他行政人员或者后人并没有起到很大的启示效果和改进经验,反而部分官员认为是"一时倒霉"。这种现象,极大地阻碍了党政领导干部问责的健康发展。

问责过程和结果不透明,存在较多的以政治责任、民主责任、道义责任代替法律责任现象。在安全生产监管中,出现重大过失或事故,相关具体责任人和主管领导需要承担相应的责任:即法律责任(包括刑事责任、行政责任、民事责任)、政治责任、民主责任和道义责任。但在实践中,公众没有任何渠道能够很方便地获得任何一个比较详细的事故调查报告,也不知道事故调查者在调查时做了哪些工作,如何确定的事故原因和责任,更谈不上行政问责的监督。接受问责的官员应该追究何种责任却模糊不清,让主管的官员仅承担道义和政治责任有避重就轻、开脱责任之嫌,有违社会公正。此外,我国党政领导干部问责常用"从快从重"处理相关责任人的方式来表现责任机关对相应事件的重视,但实质上这样"从快从重"的惩戒性措施正说明了我国责任机关对党政领导干部问责的错误理解,十分不利于问责制走向制度化、规范化的发展道路。

(二)政府部门监管责任划分不清

1.部门监管职责仍不清晰且缺少法定支持

职责法定是推进依法行政的前提。然而,安全生产相关法律法规和部门"三定"方案制修订滞后,还没有在法制层面明确党委、政府及相关部门的安全监管责任和权力。个别部门由此拒绝承担对分管行业领域的安全监管职责。安全生产综合监管和行业监管之间,仍然界限不清。综合监管部门仍直接承担大量行业监管事务,不能集中精力履行综合监管职责。另外,有的行业领域归属多个部门管理,部门职责边界不清,沟通协调机制不完善,存在职责交叉、监管缝隙等问题。例如,道路安全隐患排查工作就涉及公安交警、交通运输等多个部门，类似"多头管理"问题较为常见，而老年代步车、共享单车的安全管理又缺少监管主体。

2. 安全生产综合监管职责不明确

《安全生产法》明确了安全生产监督管理部门的"综合监管"地位，但对于综合监管的内涵、职责、方式，目前仍然缺少具体明确的规定，从而形成"综合监管"就是"无所不管"误区或者"没人管的你来管"的误区，无论哪个行业领域出了生产安全事故，都要追究安全监管部门责任，导致综合监管责任无限大而实际无法真正落实，且越到基层越凸显。在实际工作中出现涉及一些部门或行业（领域）的安全监管职责交叉或者不落实，综合监管协调工作难度大。

3. 追责机制不完善

现有的刑法责任追究只有导致一定事故结果时才能适用，事后的查处又偏重追究政府和监管人员责任，对企业追责力度不够，失之于宽软，没有突出企业主体责任，该判实刑的没有判，各打五十大板，弱化了责任追究的惩戒作用。在安全生产责任清单没有建立起来之前，"尽职免责"尚未解决。因为安全监管领域"玩忽职守""失职渎职"的概念和标准不明确，检察机关"有罪推定"的办案思路，致使在追究监管人员的责任上有扩大化的倾向，挫伤了基层同志的积极性。例如，2014 年包头市九原区"5.30"模板坍塌一般事故（2 死 5 伤），系由工地负责人王某某在没有履行有关审批手续情况下违章组织进行混凝土浇筑作业所致。除王某某以外，包头市建设工程安全监督管理站阮某某、郭某某也以未能全面履行其职责、没有发现该事故工程属于危险性较大的分部分项工程、没有对安全隐患及时排查、没有对工地上使用的钢管是否符合国家规定标准要求进行查验，构成玩忽职守罪一审分别被判处有期徒刑三年，缓刑三年。另外，事故调查处理普遍存在重追责、轻教训的倾向，往往把工作重心放在责任认定和责任追究上，而对事故技术原因分析不够、教训汲取不够，致使同类型事故重复发生。

（三）企业主体责任落实不到位

企业安全生产主体责任是一种法律责任，是企业必须履行的法定义务，从这个意义上讲，只有遵守不遵守、履行不履行的区别。但是，有关企业安全生产职责的规定或要求在很多方面、很多时候都是原则性、框架性的，执行过程中存在较大弹性，加之我国企业安全生产基础较为薄弱、安全管理能力不足，因此，尽管多年来不断强调要强化落实企业安全生产主体责任，当前企业安全生产主体责任不落实，重生产轻安全，安全生产基础薄弱，安全意识不强，安全投入不足，安全管理不落实，安全培训不到位，隐患排查治理不到位的问题依然突出。

1. 企业安全生产主体责任认识不到位

截至 2016 年末，我国共有企业法人 1461.85 万个，其中近 1400 万企业法人是规模以下企业和小微企业，此外还有个体工商户 5929.95 万个。当前，绝大部分的中小微企业普遍存在如下问题：首先，主要责任人的安全认识不到位，安全管理水平普遍不高；安全管理人员业务水平不够、学历不高问题突出（普遍是高中以下水平）；除安全管理人员岗位以外的其他岗位，包括某些生产领导，都一致认为安全隐患、安全职责只是安全部门和安全员的事，与他们毫无关系，导致"安全低于生产"或"只注重生产、忽略安全"的境况，从而导致安全管理工作开展起来很吃力，而且安全管理人员因为工作原因时常要遭受委屈，安全管理人员经常怨声载道，故企业主要责任人的主观意识对整个企业的安全生产起着举足轻重的作用。

2. 企业安全生产基础薄弱

落实企业安全生产主体责任，从企业角度看，首先要有责任意识，从上到下重视安全生产；其次要有健全的责任制度、足够的资金和高素质的人员，确保安全生产工作能够顺利开展。2004 年以来，安全监管部门坚持不懈地强化企业落实安全生产主体责任，对安全生产违法违规行为进行严厉惩处，应当说起到了良好效果，最起码企业主要负责人的安全意识得到普遍提升，安全生产工作也得到重视。但是，对于规模庞大的中小微企业和个体工商户，安全生产基础提升更为困难，薄弱的安全生产基础成为企业落实安全生产主体责任的最大短板。

3. 企业安全生产职责规定缺乏严密性

部分法律、法规和规章所规定的企业安全生产职责需要配套的操作方法、作业标准、指导手册等文件才能保证可实施性、可操作性。相对而言，我国在这方面的工作要滞后一些。例如，国务院安委会办公室 2016 年 4 月印发《标本兼治遏制重特大事故工作指南》，要求企业着力构建安全风险分级管控和隐患排查治理双重预防机制，并为此组织力量编写了冶金、有色、建材、机械、轻工、纺织等六个行业的《较大危险因素辨识与防范指导手册》，山东省也以地方标准的形式发布了《安全生产风险分级管控体系通则》和《生产安全事故隐患排查治理体系通则》以及 20 多个工贸行业的"两个体系"建设实施指南，但是，距离全行业覆盖仍有较大差距。

部分职责规定缺少定量化的指标，难以对企业进行定量考核。例如，《安全生产法》只是要求"生产经营单位应当具备的安全生产条件所必需的资金投入"，对具体细目和资金投入比例没做要求。

企业安全生产职责规定没有区分不同规模的企业作针对性的要求，陷入了选择悖论。如果严格要求则企业没有能力执行，如果企业可以选择执行则丧失了法律的严肃性。当前，安全生产法律法规章确定的企业安全生产职责主要是针对规模以上企业的，对于规模以下的中小微企业和个体工商户，在适用性方面要大打折扣。

4. 对生产安全事故企业追责偏软

习近平总书记强调："要严格事故调查，严肃责任追究。要审时度势、宽严有度，解决失之于软、失之于宽的问题。对责任单位和责任人要打到疼处、痛处，让他们真正痛定思痛、痛改前非，有效防止悲剧重演。"当前，对生产安全事故企业追责偏软，主要表现在两个方面。

法律责任实现方式重行政处罚、轻刑事处罚和民事赔偿。我国在安全生产立法上强调发挥政府积极作用，现有的安全生产法律责任制度遍布着行政机关的身影，责任实现途径向行政处罚、党纪处分倾斜，造成了责任实现方式的片面化。目前，世界安全卫生立法的趋势是以事前预防为主，事后处罚为辅，并注重对劳工、从业人员的权益保护。体现在法律责任形式上，强调民事赔偿和行政处罚、刑事处罚形成合力。而我国受立法惯性影响，始终将安全生产工作寄望于行政机关的积极作为，行政机关的执法行为成为影响生产形势的关键，因而形成了发达的安全行政责任制度。实践中对安全事故的责任追究，一贯以对相关负责人予以行政处分、党纪处分了事，情节严重者才追究刑事责任，鲜有要求责任方对受害者作出赔偿的书面处理。企业过错导致重大伤亡的安全生产事故，往往通过私下和解解决民事赔偿问题。

在现行立法规定中，对生产经营单位缺少惩罚性赔偿的相关规定。重特大安全生产事故发生后，我们在追究相关人员违反安全管理规定或者强令他人冒险作业因而发生重大伤亡事故或者造成其他严重后果的违法行为的同时，必然会考虑到该行为是作业人员的意志支配行为还是履行单位意志行为的问题。在单位强令作业人员从事违反管理规定行为（行为产生的利益归属于单位）的情况下，仅仅追究单位负责人的刑事责任是不合理的，应当对生产经营单位处以惩罚性赔偿，才能加大对生产经营单位的威慑。

三、健全安全生产责任体系的措施与建议

（一）明确地方党委和政府领导责任

1. 建立完善"党政同责、一岗双责、齐抓共管、失职追责"的责任体系

习近平总书记强调，坚持党政同责、一岗双责、齐抓共管、失职追责，严格落实安全生产责任制。这一重要指示既体现了中国特色社会主义制度优势，也体现了安全生产科学管理的内在要求，是健全完善安全生产责任体系的重要依据。中央层面应明确党政主要负责人是本地区安全生产第一责任人，班子其他成员按照一岗双责的要求，对分管范围内的安全工作负领导责任。同时考虑到，目前地方各级安全生产委员会主任均由同级政府一把手担任，党委组织、宣传、政法等部门和政府有关部门进入安全生产委员会，形成齐抓共管的局面，应将这一工作格局作出制度要求固化下来。

2. 明确地方各级党委的具体责任

地方各级党委是领导核心，要管大事。习近平总书记在青岛"11·22"事故现场考察时强调，党委要管大事，发展是大事，安全生产也是大事。结合各级党委职责规定，建议明确地方各级党委7条具体责任：认真贯彻执行党的安全生产方针，在统揽本地区经济社会发展全局中同步推进安全生产工作，定期研究决策安全生产重大问题；加强安全生产监管机构领导班子、干部队伍建设；严格安全生产履职绩效考核和失职责任追究；强化安全生产宣传教育和舆论引导；发挥人大对安全生产工作的监督促进作用，政协对安全生产工作的民主监督作用；推动组织、宣传、政法、机构编制等单位支持保

障安全生产工作；动员社会各界积极参与、支持、监督安全生产工作。

3.明确地方各级人民政府的责任

根据《安全生产法》等法律法规相关要求，结合政府职责要求，建议明确地方各级人民政府的8条具体安全生产责任：把安全生产纳入经济社会发展总体规划，制定实施安全生产专项规划，健全安全投入保障制度；及时研究部署安全生产工作，严格落实属地监管责任；充分发挥安全生产委员会作用，实施安全生产责任目标管理；建立安全生产巡查制度，督促各部门和下级政府履职尽责。加强安全生产监管执法能力建设，推进安全科技创新，提升信息化管理水平；严格安全准入标准，指导管控安全风险，督促整治重大隐患，强化源头治理；加强应急管理，完善安全生产应急救援体系；依法依规开展事故调查处理，督促落实问题整改。

（二）明确部门监管责任

1.厘清安全生产综合监管与行业监管关系的依据

习近平总书记在听取青岛"11·22"事故情况汇报时强调，要坚持管行业必须管安全、管业务必须管安全、管生产经营必须管安全。目前，综合监管和行业监管职责边界不清，同时随着新情况、新问题、新业态大量出现，一些重点领域、关键环节存在监管盲区。对此，一些地方已进行了积极探索，如广东省针对深圳"12·20"特别重大事故暴露出的安全监管职责不清等问题，在厘清相关部门职责的基础上，用"三定"规定予以明确。应当借鉴相关地区经验做法，按照"三个必须"的原则和"谁主管谁负责"的原则，厘清综合监管与行业监管的关系，明确各有关部门安全生产和职业健康工作职责，并落实到部门工作职责规定中，实现职责法定化。

2.明确安全生产监督管理部门的责任

《安全生产法》明确了安全生产监督管理部门的"综合监管"地位，但未明确界定其具体内涵，从而形成"综合监管"就是"无所不管"误区。对此，应当明确提出安全生产监督管理部门的具体责任，即负责安全生产法规标准和政策规划制定修订、执法监督、事故调查处理、应急救援管理、统计分析、宣传教育培训等综合性工作，承担职责范围内行业领域安全生产和职业健康监管执法职责，切实解决基层反映的综合监管概念不清、边界模糊的问题。

3. 明确负有安全生产监督管理职责的有关部门责任

现行的 30 多部安全生产相关法律法规，明确了负有安全监管职责的部门在各自职责范围内独立承担安全监管职责。一方面，道路交通、铁路交通、水上交通、民航、建设、消防、电力、特种设备、核与辐射、旅游和教育等行业领域的安全监管，相应有《道路交通安全法》《铁路法》《海上交通安全法》《内河水上交通安全条例》《民用航空法》《建筑法》《消防法》《电力法》《特种设备安全法》《核安全法》《旅游法》《校车安全管理条例》等专门的法律法规赋予了相关部门的安全监管执法主体地位。另一方面，《安全生产法》赋予了所有负有安全监管职责部门行政执法权，依法对本行业领域实施安全生产行政处罚。对此，应当按照"谁主管谁负责"原则，明确负有安全监管职责的部门依法依规履行本行业领域安全生产和职业健康监管职责，强化监管执法。

4. 明确其他行业领域主管部门的责任

习近平总书记强调，行业主管部门对本行业领域的安全生产负有直接监管责任。作为主管部门虽然不是监管执法部门，但负有安全管理责任，按照"管行业必须管安全"原则，行业主管部门在履行行业管理职责的同时，应当从行业规划、产业政策、法规标准、行政许可等方面加强行业安全生产工作，指导督促企事业单位加强安全管理。

5. 明确党委和政府其他有关部门的责任

安全生产工作涉及多个行业、多个领域和多个部门，需要各方面齐抓共管、协调联动。因此，党委和政府其他有关部门要在职责范围内为安全生产工作提供支持保障，共同推进安全发展，这就要求组织、宣传、发展改革、财政、科技、工商等党委和政府其他有关部门，在负责干部考核、宣传教育、责任追究、产业政策、安全投入、科技装备、市场监管等方面要统筹考虑安全生产工作，落实各项支持政策措施。

（三）严格落实企业主体责任

1. 企业对本单位安全生产和职业健康工作负全面责任

目前，企业主体责任不落实的问题突出，如吉林德惠"6·3"特别重大火灾爆炸事故暴露出宝源丰公司在厂房建设过程中偷工减料、从未组织开展过安全宣传教育，没有建立健全、更没有落实安全生产责任制、未按照有关规定对重大危险源进行监控、未对存在的重大隐患进行排查治理等主体责任不落实的问题。习近平总书记强调，所有企业都必须认真履行安全生产主体责任，确保安全生产。《安全生产法》第五条明确规定，生产经营单位的主要负责人对本单位的安全生产工作负全面责任。对此，企业必须对本单位安全生产和职业健康工作负全面责任，并严格履行法定职责。

2. 建立企业落实安全生产主体责任的机制

一是建立健全企业自我约束、持续改进的内生机制。自我约束、持续改进是国内外先进安全管理模式的精髓，也是企业安全管理有效经验和方法的总结。必须推动企业由他律变自律，并通过高标准、严要求，不断总结发现问题，不断解决问题；通过循环改进，不断增强企业安全管理能力，不断提升企业安全管理水平。二是建立企业全过程安全生产和职业健康管理制度。生产安全问题伴随生产经营全过程，企业生产经营的每个工序、每个环节、每个阶段都涉及安全生产和职业健康问题，要明确每个工序、每个环节、每个阶段的安全生产与职业健康责任，强化安全控制管理，做到安全责任、管理、投入、培训和应急救援"五到位"，从而实现全过程安全生产。

3. 强调企业实行全员安全生产责任制度

一是明确企业法定代表人和实际控制人同为安全生产第一责任人。一般情况下，企业法定代表人由董事长或总经理担任，也是企业实际控制人。但是，一些企业特别是一些中小企业的法定代表人背后往往另有实际控制人，他们对企业的重大事项有最终的决策权。对此，应当明确法定代表人和实际控制人同为安全生产第一责任人，负有同等责任。二是明确企业主要技术负责人负有安全生产技术决策和指挥权，强化部门安全生产职责。安全生产专业性特点突出，近年来发生的一些重特大生产安全事故，集中暴露出企业存在一些安全技术管理问题。为此，应当明确企业主要技术负责人负有安全生产技术决策和指挥权。同时，企业安全生产工作不单单是安全管理部门、安全管理人员的责任，也涉及其他部门和员工的责任，企业每一个岗位、每一个员工都不同程度地直接或间接地影响安全生产。为此，企业必须强化各部门安全生产职责，落实"一岗双责"，齐抓共管，把全体员工积极性和创造性调动起来，形成人人关心安全生产、人人提升安全素质、人人做好本职工作的局面，从而提升企业整体安全生产水平。

4. 完善落实混合所有制企业，跨地区、多层级和境外中资企业投资主体的安全生产责任

面对投资主体多元化、管理层级增多、责任链延长的趋势，应当明确企业的投资主体具有安全生产责任，必须对其兼并、控股、参股的子公司和分公司承担相应的安全管理责任，有效防止投资主体责任不落实、有空档的问题。

5. 国有企业发挥安全生产工作示范带头作用

习近平总书记强调，中央企业要带好头做表率，一定要提高安全管理水平，给全国企业做标杆。国有企业作为推进国家现代化、保障人民共同利益的重要力量，是我们党和国家事业发展的重要物质基础和政治基础，必须率先垂范，抓好安全生产工作，积极履行社会责任。同时，根据《国务院关于进一步加强企业安全生产工作的通知》（国发〔2010〕23号）关于强化企业安全生产属地管理的规定和《国家安全监管总局 国务院国资委关于进一步加强中央企业安全生产分级属地监管的指导意见》（安监总办〔2011〕75号）关于中央企业所属各级企业主动接受地方政府及有关部门的监管和指导的要求，国有企业要自觉接受属地监管。

（四）健全责任考核机制

1. 建立完善安全生产考核评价体系

考核是促进安全生产责任落实的重要手段，建立科学的考核评价体系是安全生产责任考核的基础。随着经济社会的发展和安全生产工作的进步，安全生产考核评价体系也应与时俱进，调整优化，建立与全面建成小康社会相适应和体现安全发展水平的考核评价体系，科学设计考核指标、权重和模型，充分体现安全生产绩效考核的科学性、系统性、合理性。

2. 加大安全生产在社会治安综合治理、精神文明建设等考核中的权重

目前，安全生产已经纳入了社会治安综合治理和精神文明建设等考核体系，但存在指标设计不合理、权重偏低、激励不强等问题。十八届三中全会明确要求加大安全生产考核权重。为充分调动各方工作积极性，加强安全生

产工作，应当完善相关考核制度，加大安全生产在社会治安综合治理、精神文明建设等考核中的权重，强化考核对安全生产工作的激励推动作用。

3. 建立各级人民政府对同级安全生产委员会成员单位和下级政府考核制度

为严格落实安全生产委员会成员单位和各级政府的安全生产责任落实，有效防范和遏制生产安全事故，应当建立完善安全生产工作责任考核制度和考核细则，每年对各级政府及安全生产委员会成员单位进行安全生产工作考核。同时，为进一步激励各地区各部门加强安全生产工作的责任心和积极性，应当改变目前只重结果的考核办法，在总结有关地区经验的基础上，坚持过程考核与结果考核相结合。

4. 建立安全生产绩效考核的激励约束机制

为充分发挥安全生产绩效考核的激励约束作用，推动各级各部门各单位牢固树立"抓发展是政绩，抓安全生产也是政绩""抓不好发展是失职、抓不好安全生产也是失职"的意识，调动各方面的积极性、主动性和创造性，强化安全生产责任落实，应当研究建立安全生产绩效与业绩评定、职务晋升、奖励惩处挂钩制度，严格实行安全生产"一票否决"制度，各级各部门据此进一步完善相关制度，强化领导干部的安全生产意识和组织领导责任。

（五）严格责任追究制度

1. 实行党政领导干部任期安全生产责任制

生产安全事故涉及规划布局、行政审批等方面的问题，这些问题往往在事故发生后才能暴露出来。为进一步落实党政干部安全生产领导责任，应当建立党政领导干部任期安全生产责任制，日常工作依责尽职、发生事故依责追究，以此强化各级党政领导任期内的安全生产责任，认真做好相关工作。

2. 依法依规制定各有关部门安全生产权力和责任清单

十八届三中全会提出，推行地方各级政府及其工作部门权力清单制度，依法公开权力运行流程。十八届四中全会再次提出，依法全面履行政府职能，推进机构、职能、权限、程序、责任法定化，推行政府权力清单制度。应当依法依规建立负有安全生产监督管理职责部门和其他有关部门及岗位的权力和责任清单，切实做到监管有依据、问责有出处。

3.建立企业生产经营全过程安全责任追溯制度

安全生产工作的全过程，包括项目立项、规划、设计、施工、生产的不同环节以及储存、使用、销售、运输、废弃处置等环节，某一个环节出现漏洞都可能引发严重事故。为强化重特大事故责任倒查问责，应当建立企业生产经营全过程安全责任追溯制度，督促企业建立完整的安全生产责任链条，加强全过程安全管理。

4.严肃查处安全生产领域的腐败行为

一些事故暴露出，有些地方和单位在安全生产工作中仍存在权钱交易等腐败行为，导致违法违规的项目和行政许可通过审批、违法行为未被处理，埋下了事故隐患。为此，必须要严肃查处安全生产领域项目审批、行政许可、监管执法中的失职、渎职和权钱交易等腐败行为。

5.严格事故直报制度

一些地方事故统计工作存在上报不及时、信息不完善、协调难度大等问题。事故发生后，事故单位和事故责任人瞒报、谎报、漏报和迟报事故的现象时有发生。为进一步提高事故报告统计工作的及时性、规范性、完整性，应当严格事故直报制度，同时强调对瞒报、谎报、漏报和迟报事故的单位和个人依法依规追责。

6.实施两个"禁入"

针对一些事故反映出的企业主体责任不落实的问题和社会服务机构弄虚作假，违法违规进行安全审查、评价和验收等行为，应当建立两个安全生产职业"禁入"制度，对被追究刑事责任的生产经营者实施相应的职业禁入，对事故发生负有重大责任的社会服务机构和人员依法严肃追究法律责任，并实施相应的行业禁入，有助于提高相关机构和个人的职业声誉和信用珍惜意识，提高违法成本、强化责任落实。

专题二 安全监管监察体制研究

党的十八届三中全会提出，要深化行政执法体制改革，推进综合执法，着力解决权责交叉、多头执法问题，建立权责统一、权威高效的行政执法体制，并明确要深化安全生产管理体制改革，加强安全生产基层执法力量。习近平总书记强调，要在体制机制上认真考虑如何改变和完善。如果顶层设计存在监管盲区，不完善，就会造成问题。

一、安全监管监察体制发展历史与现状

新中国成立以来，我国安全生产监管机构多次调整变化，每次变动都与当时的政治、经济和社会形势密切相关，安全生产监管体制也在探索中不断完善发展。

（一）我国安全监管机构历史沿革

1.劳动部门主管阶段

1949 年 11 月，新中国一成立，中央人民政府就设立了劳动部，在劳动部下设劳动保护司，专门负责厂矿安全生产工作，地方各级政府劳动部门也相应设立了劳动保护处、科、股，在其他产业部门也相继设立了劳动保护和安全生产专门工作机构。中华全国总工会在各级工会中设立了劳动保护部，工会基层组织设立了劳动保护委员会，以加强对企业安全生产、劳动保护工作的监督。全国初步建立起由劳动部门综合监管、行业部门具体管理的安全生产、劳动保护工作框架体制。

1955 年 6 月，国务院批准在劳动部设立锅炉安全检查总局，各省市劳动部门也相继建立了锅炉和压力容器监察机构，并配备了专业人员，各级劳动部门、产业主管部门和工会组织的劳动保护管理机构也得到了加强。

"大跃进"时期，由于推行"二参一改三结合"（干部参加劳动，工人参加管理，改革管理制度，干部、技术人员和工人三结合），各级劳动保护机构被精简合并。1958年劳动部内设的锅炉安全检查总局被撤销，成为劳动保护局的一个处。1963年，在全国各级管理机构精简中，大部分行业主管部门的劳动保护机构被撤销，有的将工作合并到生产、保卫等部门，致使安全生产工作受到很大影响。针对此局面，1964年3月，国家编委发文要求各地充实安全监察机构编制，加强劳动保护工作。1964年劳动部恢复设置锅炉安全检查总局。

"文化大革命"时期，由于无政府主义泛滥，安全生产监督管理体制也遭到大调整。1970年6月，劳动部并入国家计划委员会，组建国家计委劳动局，由国家计委主管劳动保护工作，全国劳动保护工作人员相应减编，其安全生产综合管理职能也相应转移。

1975年9月，劳动局从国家计划委员会分出，成立国家劳动总局，内设劳动保护局、锅炉压力容器安全监察局等安全工作机构，将矿山安全从劳动保护工作中分出，单独成立矿山安全监察局，以加强矿山安全生产工作。

1982年5月，国家组建劳动人事部，劳动保护工作由下设的劳动保护局、矿山安全监察局、锅炉压力容器安全监察局三个局承担，各级劳动部门在原设劳动保护机构的基础上，也都增设了矿山安全监察机构和锅炉压力容器安全监察机构。

1985年1月，由国务院批准成立"全国安全生产委员会"，由国务委员、国家经委主任张劲夫兼任主任，办公室设在劳动人事部，承担安全监察、事故调查、安全生产宣传教育等重大问题、活动的统筹、协调、指导工作。

1988年国务院机构改革，劳动人事部被撤销，成立了新的劳动部，设置职业安全卫生监察局、锅炉压力容器安全监察局、矿山安全卫生监察局等内设机构，综合管理全国职业安全卫生、矿山安全、锅炉和压力容器安全工作，实行国家监察。

1993年6月，国务院撤销安委会，指定劳动部代表国务院综合管理全国的安全卫生工作，对安全卫生行使国家监察职权，安全生产中重大问题由劳动部请示国务院决定。劳动部调整劳动保护管理机构，设立安全生产管理局、职业安全卫生与锅炉压力容器监察局和矿山安全卫生监察局，地方机构也进行了相应的变动，开始实行"企业负责、行业管理、国家监察、群众监督"的安全生产管理机制。

2. 经济贸易部门主管阶段

1998年6月国务院机构改革，原劳动部承担的安全生产综合管理职能和安全监察职能划归国家经贸委，组建安全生产局，综合管理全国安全生产工作，对安全生产行使国家监察职权，将职业卫生监察职能划归卫生部，锅炉压力容器等特种设备的监察职能交由国家技术监督局负责，工伤与职业病保险仍由劳动和社会保障部负责。

1999年12月，国务院办公厅印发了《煤矿安全监察体制改革实施方案》（国办发〔1999〕104号），决定实行垂直管理的煤矿安全监察体制，设立国家煤矿安全监察局。

2000年1月，国家煤矿安全监察局挂牌，承担由国家经贸委负责的煤矿安全监察职能，由此形成了独立的垂直管理、分级监察的煤矿安全监察体系。

2001年2月，国家经贸委组建国家安全生产监督管理局，与国家煤矿安全监察局"一个机构、两块牌子"，综合管理全国安全生产工作，履行国家安全生产监督和煤矿安全监察职能。

2001年3月，恢复成立国务院安全生产委员会，成员由国家经贸委、公安部、监察部、全国总工会等17个部委的主要负责人组成，办公室设在国家安全生产监督管理局，其主要职责是定期分析全国安全生产形势，部署和组织国务院有关部门贯彻落实安全生产方针政策，协调解决安全生产重大问题等，从而形成了更加完善的安全生产监督管理工作体制。

3. 安全监管部门主管阶段

2003年3月，国家安全生产监督管理局（国家煤矿安全监察局）调整为副部级国务院直属机构，并新增了原来由卫生部承担的作业场所职业卫生监督检查职责。这一重大决策，从体制上强化了国家对安全生产的监督管理，为开创安全生产新局面提供了体制保证。

2005年初，国家安全生产监督管理局升格为国家安全生产监督管理总局，为国务院正部级直属机构。全国基本形成了中央、省（市、区）、市（地）、县四级安全生产监管体系，一些地方还在延伸到基层乡镇，各级安全监管执法队伍逐步建立。

2006 年 2 月，成立国家安全生产应急救援指挥中心，为国务院安委会办公室领导、国家安全监管总局管理的事业单位，履行全国安全生产应急救援综合监督管理职能，协调、指挥安全生产事故灾难应急救援工作。此后，全国大部分省市也建立了矿山救援指挥中心，初步形成了国家、省、企业的三级矿山应急救援体系。

2008 年 7 月，国务院办公厅下发《国家安全生产监督管理总局主要职责内设机构和人员编制规定》，安全监管总局内设机构由 9 个增加到 10 个，并单独设立职业安全健康监督管理司，承担工矿商贸作业场所（煤矿除外）职业卫生监督检查责任，安全监管力度继续得到加强。

2010 年 10 月，中央编办印发《关于职业卫生监管部门职责分工的通知》，规定了国务院有关部门在职业卫生监管方面的职责分工，其中将组织拟订部分国家职业卫生标准、职业卫生"三同时"审查及监督检查、职业卫生技术服务机构资质管理等职责由卫生部划归安全监管总局。

（二）安全监管体制建设现状

新中国成立以来，我国安全监管体制不断改革完善，逐步形成综合监管与行业监管相结合，分级负责、属地管理的国家、省、市、县四级监管体制，形成了"政府统一领导、部门依法监管、企业全面负责、群众参与监督、社会广泛支持"的安全生产工作格局。

1. 安全生产监管体制框架

当前，我国安全生产监督管理体制主要是在各级政府的统一领导下，安全监管部门承担安委会的日常工作，对本行政区域内安全生产工作实施综合监督管理，指导协调、监督检查本级政府有关部门和下级人民政府安全生产工作，对煤矿、非煤矿山、危险化学品、烟花爆竹，以及冶金、有色、建材、机械等工矿商贸行业安全生产实施监督管理。负有安全监督管理职责的有关部门在各自职责范围内，对有关行业领域的安全生产工作实施监督管理。负有行业（领域）管理职责的有关部门将安全生产工作纳入行业领域管理，指导督促生产经营单位做好安全生产工作，制定实施有利于安全生产的政策措施。其他有关部门结合本部门工作职责，为安全生产工作提供支持和保障。基本形成了以安委会为指导协调机构、安全监管部门实施综合监管和工矿商贸安全监管、相关部门负责本行业（领域）安全监管、综合监管与行业监管相结合的安全生产工作机制。

（1）人民政府。各级人民政府在安全生产监督工作中负有领导责任，根据《安全生产法》第八条的规定，国务院和地方各级人民政府应当加强对安全生产工作的领导，支持、督促各有关部门依法履行安全生产监督管理职责。县级以上人民政府对安全生产监督管理中存在的重大问题应当及时予以协调、解决。

各级人民政府的安全生产领导职责具体包括：根据国民经济和社会发展规划制定安全生产规划，并组织实施；加强对安全生产工作的领导，支持、督促各有关部门依法履行安全生产监督管理职责，建立健全安全生产工作协调机制，及时协调、解决安全生产监督管理中存在的重大问题；加强对有关安全生产的法律、法规和安全生产知识的宣传，增强全社会的安全生产意识。

（2）安全监管部门。安全生产监督管理部门是指《安全生产法》第九条第一款和第九十四条所称的"负责安全生产监督管理的部门"。国务院安全生产监督管理部门是指应急管理部。应急管理部是国务院正部级直属机构，依照法律和国务院批准的"三定规定"，对全国安全生产工作实施综合监管。县级以上地方人民政府安全生产监督管理部门是指这些地方人民政府设立或者授权负责本行政区域内安全生产综合监督管理的部门，其中绝大部分是应急管理厅（局）。

安全生产监督管理部门依法对本行政区域内安全生产工作实施综合监督管理，具体职责包括：依法对煤矿、非煤矿山、危险化学品、烟花爆竹，以及冶金、有色、建材、机械等工矿商贸行业安全生产事项进行验收、审批、许可，对生产经营单位执行有关安全生产的法律、法规和国家标准或者行业标准的情况进行监督检查，对违反安全生产法律、法规的行为依法实施行政处罚；依照国务院和地方人民政府规定的权限组织生产安全事故的调查；承担本级政府安委会日常工作，指导协调、监督检查本级政府有关部门和下级人民政府安全生产工作。

（3）负有安全监管职责的部门。负有安全生产监督管理职责的相关部门是指《安全生产法》第九条第二款所称的县级以上人民政府设置的"有关部门"。譬如，公安、交通运输、水利、能源、建筑、旅游、特种设备等负有安全生产监督管理责任的相关部门依照法律法规或本级人民政府规定的授权，按照分工负责有关行业领域的安全生产监督管理工作。譬如，公安部门负责消防安全、道路交通安全的监督管理工作；交通运输部门负责道路运输企业安全、水上交通安全、民用航空、铁路运输安全的监督管理工作；城乡建设部负责建筑施工安全的监督管理工作；工业信息化部门负责民用爆炸器材安全的监督管理工作；质检总局负责特种设备的安全监督管理工作。

（4）煤矿安全监察机构。煤矿是危险性最高、重特大事故最为多发的行业之一，是安全生产工作的重中之重。鉴于煤矿安全生产工作的重要性，国家对煤矿安全实行监察制度。根据《煤矿安全监察条例》，煤矿安全监察机构，是指国家煤矿安全监察机构和在省、自治区、直辖市设立的煤矿安全监察机构及其在主要产煤区设立的煤矿安全监察分局。自1999年国家煤矿安全监察体制建立以来，经过十多年的发展，建立了国家局、省级局和区域分局三级机构组成的垂直管理体系，逐步形成了"国家监察、地方监管、企业负责"的煤矿安全监管监察工作格局。目前，全国25个产煤省（区、市）及新疆生产建设兵团设有26个省级煤矿安全监察局，其人事、财务、物资装备以及纪检等由总局统一管理，国家煤矿安监局负责业务指导。各省局在重点产煤地区设76个煤矿安全监察分局，两级机构现有人员编制2764名。

2. 主要监管机构及工作职责

（1）应急管理部（原国家安全生产监督管理总局）。根据第十一届全国人民代表大会第一次会议审议批准的《国务院机构改革方案》和《国务院关于机构设置的通知》《国务院关于部委管理的国家局设置的通知》，2008年7月国务院办公厅印发《国家安全生产监督管理总局主要职责内设机构和人员编制规定》，明确国家安全生产监督管理总局设置办公厅（国际合作司、财务司）、政策法规司、规划科技司、安全生产应急救援办公室（统计司）、安全监督管理一司（海洋石油作业安全办公室）、安全监督管理二司、安全监督管理三司、安全监督管理囚司、职业安全健康监督管理司、人事司（国家安全生产监察专员办公室）等10个内设机构（正司局级）和机关党委。主要职责包括：

1）组织起草安全生产综合性法律法规草案，拟订安全生产政策和规划，指导协调全国安全生产工作，分析和预测全国安全生产形势，发布全国安全生产信息，协调解决安全生产中的重大问题；

2）承担国家安全生产综合监督管理责任，依法行使综合监督管理职权，指导协调、监督检查国务院有关部门和各省、自治区、直辖市人民政府安全生产工作，监督考核并通报安全生产控制指标执行情况，监督事故查处和责任追究落实情况；

3）承担工矿商贸行业安全生产监督管理责任，按照分级、属地原则，依法监督检查工矿商贸生产经营单位贯彻执行安全生产法律法规情况及其安全生产条件和有关设备（特种设备除外）、材料、劳动防护用品的安全生产管理工作。负责监督管理中央管理的工矿商贸企业安全生产工作；

4）承担中央管理的非煤矿矿山企业和危险化学品、烟花爆竹生产企业安全生产准入管理责任，依法组织并指导监督实施安全生产准入制度。负责危险化学品安全监督管理综合工作和烟花爆竹安全生产监督管理工作；

5）承担工矿商贸作业场所（煤矿作业场所除外）职业卫生监督检查责任，负责职业卫生安全许可证的颁发管理工作，组织查处职业危害事故和违法违规行为；

6）制定和发布工矿商贸行业安全生产规章、标准和规程并组织实施，监督检查重大危险源监控和重大事故隐患排查治理工作，依法查处不具备安全生产条件的工矿商贸生产经营单位；

7）负责组织国务院安全生产大检查和专项督查，根据国务院授权，依法组织特别重大事故调查处理和办理结案工作，监督事故查处和责任追究落实情况；

8）负责组织指挥和协调安全生产应急救援工作，综合管理全国生产安全伤亡事故和安全生产行政执法统计分析工作；

9）负责综合监督管理煤矿安全监察工作，拟订煤炭行业管理中涉及安全生产的重大政策，按规定制定煤炭行业规范和标准，指导煤炭企业安全标准化、相关科技发展和煤矿整顿关闭工作，对重大煤炭建设项目提出意见，会同有关部门审核煤矿安全技术改造和瓦斯综合治理与利用项目；

10）负责监督检查职责范围内新建、改建、扩建工程项目的安全设施与主体工程同时设计、同时施工、同时投产使用情况；

11）组织指导并监督特种作业人员（煤矿特种作业人员、特种设备作业人员除外）的考核工作和工矿商贸生产经营单位主要负责人、安全生产管理人员的安全资格（煤矿矿长安全资格除外）考核工作，监督检查工矿商贸生产经营单位安全生产和职业安全培训工作；

12）指导协调全国安全生产检测检验工作，监督管理安全生产社会中介机构和安全评价工作，监督和指导注册安全工程师执业资格考试和注册管理工作；

13）组织指导协调和监督全国安全生产行政执法工作；

14）组织拟订安全生产科技规划，指导协调安全生产重大科学技术研究和推广工作；

15）组织开展安全生产方面的国际交流与合作；

16）承担国务院安全生产委员会的具体工作；

17）承办国务院交办的其他事项。

（2）国家煤矿安全监察局。根据《国家煤矿安全监察局主要责任内设机构和人员编制规定的通知》（国办发〔2008〕101号）文件，国家煤矿安全监察局机关行政编制68名，下设办公室、安全监察司、事故调查司、科技装备司和行业安全基础管理指导司等5个司室（副司局级）。局机关人事党务、机关后勤财务等，均由总局有关综合司局管理，主要职能以下几个方面：

1）拟订煤矿安全生产政策，参与起草有关煤矿安全生产的法律法规草案，拟订相关规章、规程、安全标准，按规定拟订煤炭行业规范和标准，提出煤矿安全生产规划；

2）承担国家煤矿安全监察责任，检查指导地方政府煤矿安全监督管理工作。对地方政府贯彻落实煤矿安全生产法律法规、标准，煤矿整顿关闭，煤矿安全监督检查执法，煤矿安全生产专项整治、事故隐患整改及复查，煤矿事故责任人的责任追究落实等情况进行监督检查，并向地方政府及其有关部门提出意见和建议；

3）承担煤矿安全生产准入监督管理责任，依法组织实施煤矿安全生产准入制度，指导和管理煤矿有关资格证的考核颁发工作并监督检查，指导和监督相关安全培训工作；

4）承担煤矿作业场所职业卫生监督检查责任，负责职业卫生安全许可证的颁发管理工作，监督检查煤矿作业场所职业卫生情况，组织查处煤矿职业危害事故和违法违规行为；

5）负责对煤矿企业安全生产实施重点监察、专项监察和定期监察，依法监察煤矿企业贯彻执行安全生产法律法规情况及其安全生产条件、设备设施安全情况，对煤矿违法违规行为依法做出现场处理或实施行政处罚；

6）负责发布全国煤矿安全生产信息，统计分析全国煤矿生产安全事故与职业危害情况，组织或参与煤矿生产安全事故调查处理，监督事故查处的落实情况；

7）负责煤炭重大建设项目安全核准工作，组织煤矿建设工程安全设施的设计审查和竣工验收，查处不符合安全生产标准的煤矿企业；

8）负责组织指导和协调煤矿事故应急救援工作；

9）指导煤矿安全生产科研工作，组织对煤矿使用的设备、材料、仪器仪表的安全监察工作；

10）指导煤炭企业安全基础管理工作，会同有关部门指导和监督煤矿生产能力核定和煤矿整顿关闭工作，对煤矿安全技术改造和瓦斯综合治理与利用项目提出审核意见；

11）承办国务院及国家安全监管总局交办的其他事项。

3. 基层安全监管体制

基层安全生产监管是我国安全生产监管体系的基础，在我国目前的安全生产监管体系中，基层安全生产监管工作主要由县（区）、乡镇（街道）两级具有安全生产监管职能的政府部门来承担。《安全生产法》明确规定，县级以上地方各级人民政府都应设立负责安全生产监督管理的部门，配备相应的人员，保证必要的条件，明确其职责，依法对本行政区域内的安全生产实施综合监督管理。基层安监体制核心是县级安监机构，随着县级及以上安监机构的建立，安全生产监管的重心下移，各种形式的乡镇安全监管机构不断开始建立健全，安全执法监察力量不断增强，安全监管职责不断理顺，全国安全监管体制不断完善。

截至 2014 年底，全国 31 个省（区、市）、332 个市（地）级人民政府、98.98% 的县级人民政府和新疆兵团及师、团（场）设立了专门的安全生产监管部门。有 26 个省（市、区）安全监管局（占 83.9%）成立了监察执法总队或执法监察局（处）等省级安全生产执法队伍（执法机构），313 个市（地）

（占 95.2%）成立了市级安全生产执法队伍，2574 个县（区）（占 90.2%）成立了县级安全生产执法队伍。2014 年，全国省、市、县三级安全监管部门及执法机构人员编制总计 78938 名。

全国 40381 个乡级行政区划中（包括乡、镇、街道等），设置了安全监管站（所、办、科）等安全监管机构或加挂相应牌子的共计 35681 个（占 88.4%），成立安全生产执法中队等执法队伍的共计 4806 个（占 11.9%）。乡镇(街道)安全监管机构和执法队伍现有安全监管人员共计 137967 名，其中：专职人员 68518 名，兼职人员 55965 名，聘用人员 13484 名。平均每个乡镇（街道）安全监管人员 3.4 名，其中专职人员 1.7 名。

二、安全监管监察体制存在的主要问题

党的十八大报告提出"强化公共安全体系和企业安全生产基础建设，遏制重特大安全事故"。随着经济社会发展和安全生产形势变化以及出现的新情况、新问题，安全生产监管体制存在一些不适应和需要调整理顺的问题，主要体现在以下几个方面：

（一）安全生产领导协调力度不足

1. 各级安委会组织领导仍需强化

安全生产委员会是各级党委和政府组织领导安全生产工作的协调议事机构。目前，地方各级安委会主任通常由政府主要负责人担任、常务副主任由政府分管安全生产工作的负责人担任，但很多地方分管安全生产工作的多是新任命、排名末尾的领导，在组织领导相关部门，尤其是党委部门、司法机关等单位时，难免会力不从心。

2. 安委会办公室职能亟待增强

安全生产委员会是各级党委和政府组织领导安全生产工作的协调议事机构，属非常设机构，其办公室大都设在安全监管部门，安委办日常工作"顺理成章"地变成了安监部门的事，但各级安全监管部门多为政府直属机构，在指导协调、监督检查、巡查考核其他部门，尤其是公安、交运、住建、卫计等强势部门时，显得底气不足、腰杆不硬、协调乏力。

（二）安全监管部门职责定位不清

1. 综合监管职责需要进一步明确和落实

综合监管是安全监管部门一项全局性工作。《安全生产法》第九条规定，县级以上地方各级人民政府安全生产监督管理部门对本行政区域内安全生产工作实施综合监督管理，但对于综合监管的内涵、职责、方式，目前仍然缺少具体明确的规定，从而形成"综合监管"就是"什么都要管"或者"没人管的你来管"的误区，导致监管范围过于宽泛、责任无限而实际无法真正落实，且越到基层越凸显。

2. 综合监管与行业直接监管职责边界不清

"管行业必须管安全"，但到底谁来管、管什么、管到什么程度，哪些情形行业部门行使直接监管，哪些情形安全监管部门行使综合监管尚不明确。相关法律法规和部门"三定规定"中没有明确梳理每个部门的安全监管责任和权利，地方层面缺乏执法依据，一些部门甚至以此为由不履行安全监管责任。在实际工作中出现涉及一些部门或行业（领域）的安全监管职责交叉或者不落实，综合监管协调工作难度大。例如能源主管部门虽被赋予油气管道保护职责，但其主要作为政策规划部门，监管手段不足、监管力量薄弱，事实上没有履行安全监管职责。

3. 安全监管部门与其他部门职责交叉

安全监管部门开展监督检查尤其是对危险化学品企业，涉及较多防火、防爆及特种设备的监督检查事项，与消防、质检等部门职责交叉。加油站的行政审批，既需要经信委颁发成品油经营许可证，又需要安监部门颁发危险化学品经营许可证，同样存在职责交叉。

4. 各级安全监管部门职责分工不明确

国家安全监管总局经常组织全国范围的执法大检查，本应以执法为主要任务的基层安全监管部门则多在接受检查、陪同检查，而企业面临省、市、县甚至乡镇街道安全监管部门及相关行业管理部门的多重执法，严重影响其正常的生产经营。

（三）部分行业领域安全监管体制不顺

1. 矿山安全监管监察体制有待进一步完善

一方面，1999 年我国建立了垂直管理的煤矿安全监察体制，为全国煤矿安全生产形势持续稳定好转发挥了重要作用，煤矿事故死亡人数由 2000 年的 5700 多人下降到 2015 年的 598 人。随着小煤矿大量关闭，全国煤矿数量由 2000 年的 8 万多处减少到目前不足 1 万处。但各个地区由于煤矿数量与分布情况各不相同，地区间监察力量分布也有较大差异，尤其是四川、湖南、贵州、内蒙古、新疆等省区，矿点多、分布广、交通不便，监察力量严重不足。此外，目前煤矿安全监察机构承担部分煤矿安全生产行政许可事项，既当"裁判员"，又当"运动员"，而地方煤矿安全监管部门缺少相应的行政许可权，不利于发挥地方监管积极性。全国统一垂直管理的煤矿安全监察体制与地方行政管理体制在一定程度上也存在不协调、不顺畅，煤矿企业要面临煤矿安全监察机构，安全监管部门、煤矿及能源行业管理部门的多重监管执法。另一方面，我国非煤矿山安全生产实行属地监管。全国目前有 7 万多处非煤矿山，2015 年事故死亡人数为 573 人，但监管力量较为薄弱，国家层面仅靠安全监管总局监管一司，显然与繁重的监管任务不相适应。煤矿和非煤矿山开采技术工艺相似，当煤矿和非煤矿山安全监管监察执法资源划分在不同部门，没有形成相对集中综合的执法体制。

2. 危化品安全监管体制较为薄弱

我国是世界第一化工大国，有各类危险化学品近 3 万种、企业 30 多万家，有 20 多个部门具有安全监督管理职责，但监管力量却十分薄弱，应急管理部仅有 1 个业务司负责，省级以下特别是县乡一级，几乎没有专业监管人员，在监管过程中常出现脱节、漏洞和执法依据不足等问题。天津"8·12"事故就暴露出危险化学品安全监管体系不严密，交通运输、安监、海关等多个部门安全监管出现漏洞、政企不分等问题。

3. 海上石油开采安全监管存在"空白"

目前，国家安全监管总局负责海洋石油安全监管工作，但没有出海监管的装备和条件。目前采取由中央石油企业总部设立分部自行监管的体制，不属于行政授权或者行政委托，存在政企不分、不具备行政执法主体资格、监管力量不足等问题。2004 年以来，各分部、监督处没有开过一张罚单，即使发生事故，也只是企业内部扣罚奖金或行政处分草草了事。

4. 部分重点行业领域安全监管体制亟需强化

交通运输、住建、农业等部门未独立设置安全监管机构，国土、能源、旅游等部门没有专门的监管执法人员，还有一些部门甚至以此为由不履行安全监管责任。湖南省凤凰县堤溪沱江大桥"8·13"特别重大坍塌事故暴露出地方建设、质检等部门，对工程建设立项审批、招投标、质量和安全等方面工作监管不力等问题；吉林德惠"6·3"火灾事故暴露出地方消防、建设等部门安全生产监管缺失等问题。

5. 部分国家垂直管理行业领域安全监管体制仍需理顺

民航、铁路、电力等行业全部或部分实行跨区域垂直管理体制，有的与地方属地监管存在职责交叉、多头管理等问题；有的地方未设监管机构，没有管辖权，却要承担事故指标和一票否决后果，地方政府对此反应强烈。电力方面，驻省能源监管办公室作为国家能源管理部门的派出机构，负责电力运行安全、电力工程施工安全、工程质量安全监管和电力业务许可证的发放监管，但由于在市县一级没有管理机构，难以承担监管职责；同时，有的省政府规定本省电力主管部门（经信委或能源局）对电力企业履行属地监管职责，一定程度上造成职能交叉或监管缺位的问题。铁路方面，国家铁路局在全国设有区域监管机构，负责铁路安全监管，有的省份铁路安全监管工作涉及多个区域监管机构，但这些机构均不在该地，综合监管和协调难度大。民航方面，中国民航局在全国设有地区管理局及省监管局，负责民航飞行安全和地面安全监管、民用机场建设和安全运行监管等，但一些地方民用机场在净空安全、生产经营单位安全生产等方面存在行业监管与属地综合监管职责不清、协调机制不健全等问题。

（四）基层安全监管执法机构力量不足

1. 部分地区安全监管机构不健全

全国2854个县级区划中，70个安监部门（占2.5%）为委管或合署办公、加挂牌子，26个县（区）（占0.9%）没有设置专门的安监部门。全国还有5个省（占16.1%）、16个市（地）（占4.8%）、280个县（区）（占9.8%）未成立安全生产执法机构，多数地区已成立的安全生产执法监察队伍仅为事业编制，并未参公管理，难以有效履行行政执法职责。《国务院办公厅关于加强安全生产监管执法的通知》（国办发〔2015〕20号）要求：地方各级人民政府将安全生产监管执法机构作为政府行政执法机构，但一些地方仍未明确安全监管部门作为行政执法机构，安全监管部门编制、经费、装备、车辆等配置标准与公安、工商、质检等行政执法机构仍有较大差距。

2. 安全监管执法人员编制严重不足

据统计，省、市、县三级安全生产监督管理部门人员平均编制分别为83.2名、28.8名、15.4名，其中事业编制约占28%；安全生产专门执法机构（省级总队、市级支队、县级大队）人员平均编制分别为20.8名、14.5名和10.8名，其中事业编制约占82.3%。全国县级安监部门人均监管600多家企业，但福建、海南、四川等省份县级安全监管部门平均人员编制在10名以下，海南、广西、云南、湖北等省份县级安全生产执法机构平均人员编制在6名以下。

3. 乡镇监管机构力量较为薄弱

部分乡镇街道安全监管工作仍处于无机构、无人员、无经费、无车辆、无装备、无办公场所"六无"状态，机构不健全、人员力量不足的矛盾突出，日常监管靠的是"一双眼睛两条腿，一个本子一张嘴"。乡镇街道安监人员多数为兼职人员、专职人员偏少，一人负责多种工作，内容繁杂，受委托的交通、消防、矿山、烟花爆竹、特种设备等安全监管事项多，任务繁重。此外，《安全生产法》虽然赋予了乡镇政府、街道居委会以及园区管委会安全监管的职责，但没有赋予其监管执法的权力，落实到基层缺乏委托执法、授权执法、跨区域执法等相关执法依据。

4. 功能区安全监管体制不完善

改革开放以来，我国各类功能区发展迅速，聚集了众多企业，成为推动经济快速发展的重要力量。据统计，全国目前有3300多个开发区，近50%没有专门的安全生产监督管理机构，监管体制不健全、条块交叉、职责不清、责任不落实以及政企不分、监管力量薄弱甚至缺位等问题十分突出。天津"8·12"事故也暴露出港区安全生产地方监管和部门监管责任不清的问题。

5. 安全监管专业执法人员缺口较大

相对于其他政府部门，安全生产监管专业性强、工作要求高、追究责任严，难以吸引和留住高素质人才，特别是多数基层监管执法人员都是边干边学的门外汉，具有矿山、化工、冶金等专业背景的技术人员匮乏，有的基层安全监管部门甚至无人有执法证，专业能力不足的问题较为突出，不能有效履行监管执法职能。

（五）安全生产应急救援体系不完善

1. 应急救援体制不健全

国家安全生产应急救援指挥中心作为国家安全监管总局直属的事业单位，难以有效履行行政管理职能，特别是在事故现场应急决策方面，应急救援指挥协调能力不强。全国仍有将超过 5% 的市级单位、55% 的县级单位未建立应急管理机构。市、县级机构缺口大、人员配备不足、经费困难，特别是有 12 个省级机构是事业编制，市、县级机构中事业编制的比例更高，履行应急管理的行政职能有很大的难度。

2. 应急救援力量有待加强

我国安全生产应急救援体系建设起步较晚，应急救援队伍专业化、职业化、现代化水平不高，布局不合理，对重点行业领域、重点地区的覆盖不全面，救援装备种类不全、数量不够，专业化实训演练条件不足，部分队伍大型装备运行维护困难。在很多地方公安消防队伍仍是事故救援的主力，部分领域缺乏专业化应急救援队伍，如化学救援主要依托大型化工企业政企联动，但企业救援力量主要针对本企业实际，尚不能完全满足社会化应急救援的需要。

3. 应急救援保障能力不足

安监系统主导建设的安全生产应急救援平台已有一定基础，但是互联互通不够。特别是安全生产应急救援平台尚未与公共安全管理信息平台对接，不能在更大范围、更高层次整合应急信息与救援资源。例如在危险化学品领域，安监部门掌握危险化学品企业生产情况，交通运输部掌握危险化学品运输情况，环保部门掌握高风险企业特征污染物及周边环境敏感目标等，但信息各自独立、难以互通。此外，就全国范围来看，我国虽然积累了不同层次和种类而且具有一定体量的应急救援装备和物资，但是由于隶属关系复杂、调用机制不畅等原因，资源利用率不高，短时间难以调集，影响救援工作效率。

三、安全监管监察体制改革的措施建议

（一）完善安全生产组织领导和协调机制

安全生产工作涉及面广，包括矿山、危险化学品、烟花爆竹、建筑施工、道路交通、水上交通、特种设备等诸多行业领域，关系到诸多部门单位，组织任务重，协调难度大。必须充分发挥各级安全生产委员会的组织领导与统筹协调作用。

1. 充分发挥安委会组织协调作用

一是加强组织领导，研究部署本地区安全生产工作，指导各有关部门单位切实履职尽责，形成齐抓共管的局面。二是加强统筹协调，分析安全生产形势，提出安全生产工作政策措施，切实解决存在的突出矛盾和问题。探索成立重点行业领域专业分委员会，由政府分管负责人任主任，牵头部门主要负责人任副主任，办公室设在牵头部门，在安委会的统一领导下，推动本行业领域安全生产工作。

2. 强化地方安委会的组织领导

全国各级地方政府普遍成立了安全生产委员会，多数由政府一把手任主任，对于指导推动本地区安全生产工作的发挥了不可或缺的重要作用。建议明确各级安委会由政府主要负责人担任，同时鼓励各地由党委政府主要负责人同时任安委会主任，党委常委或政府常务任常务副主任，组成人员调整为各相关部门主要负责人，组织、宣传、机构编制等党委相关部门及法院、检察院等相关机构纳入安委会成员单位。

3. 强化各级安委会办公室职能

要求地方各级安全监管部门主要负责人任同级安委会副主任，并兼任安委办主任。设置安委办专职副主任，由安全监管部门副职担任，增设专门负责安委办日常工作的二级部门。将指导协调、监督检查、巡查考核下级政府及同级部门安全生产工作纳入各级安全监管部门"三定规定"。

（二）明确和落实相关部门安全生产工作职责

当前的安全生产监督管理体制主要是在各级党委和政府的统一领导下，

安全生产监督管理部门履行综合监管职责，负有安全生产监督管理职责的部门负责本行业领域安全监管工作，其他相关部门为安全生产工作提供支持和保障，建议进一步明确和落实相关部门安全生产工作职责，强化各行业领域安全监管体制。

1. 明确各级安全监管部门综合监管职责

根据《安全生产法》《国家安全生产监督管理总局主要职责内设机构和人员编制规定》（国办发〔2008〕91号），结合安全监管工作需要，应当明确各级安全生产监督管理部门的综合监管职责主要是指导协调、监督检查、巡查考核本级政府有关部门和下级政府安全生产工作。指导协调，就是对相关部门和下级政府安全生产工作进行宏观上的指导，对跨行业、跨地区、跨部门的安全生产工作进行综合协调。监督检查，就是对相关部门和下级政府安全生产重大方针、政策和部署的执行情况进行监督，通过组织不定期和专项的安全检查，及时发现问题并督促整改。巡查考核，定期或不定期对本级安委会成员单位和下级政府安全生产工作进行巡查，制定和实施考核评价与目标控制指标体系，开展年度安全生产工作考核。

2. 优化各级安全监管部门工作职责

明确各级安全监管部门工作重点，划清各级安全监管部门执法范围和对象，逐一落实所有生产经营单位的行业管理、专项监管和综合监管责任部门，实行台账化管理，避免出现监管漏洞和重复执法。安全监管总局主要以指导协调、巡查考核、政策规划、法规标准制定、执法监督等为主要职责。省级主要以政策规划、地方法规制定、组织执法、督办落实等为主要职责。市级主要以重点治理、专项执法、综合保障等为主要职责。县级主要以日常监管、综合执法、督促整改等为主要职责。乡级以配合执法、宣传教育、摸清底数、信息报送等为主要职责。村级以日常巡逻、报告线索、安全劝导等为主要职责。

3. 落实负有安全监管职责部门的监管职责

依据《安全生产法》《国务院安全生产委员会成员单位安全生产工作职责分工》（安委〔2015〕5号），安监、公安、住建、交通运输、水利、质检等负有安全生产监督管理职责的部门作为各自行业领域安全生产监督管理的责任主体，要切实履行安全生产监管职责。一是建议按照"管行业必须管安全、管业务必须管安全、管生产经营必须管安全"和"谁主管、谁负责""谁审批、谁负责"的原则，进一步明确负有安全监管职责部门的执法资格和权力，在《安全生产法》《安全生产法实施条例》以及部门"三定规定"中，提出负有安全生产监督管理职责部门的具体名单，明确其安全生产行政执法资格、权力和责任。二是负有安全生产监督管理职责的部门要落实安全生产领导责任，党政主要负责人对安全生产工作负总责，由排名第二位的副职分管安全生产工作，领导班子成员要在各自分管领域各负其责；设立或明确负责安全监管机构，配备专职监管人员，加强本行业领域安全生产监管执法。三是重点行业领域负有安全监管职责部门要独立设置安全监管机构，组建专业执法队伍，落实日常监督检查和指导督促职责。其他行业管理部门要明确负责安全管理的机构和人员，督促企业落实安全生产主体责任。

4. 完善各相关部门安全生产工作机制

安全生产关系到诸多政府部门，除了安监、住建、交通运输、公安、质检等负有安全生产监督管理责任的部门，还涉及发展改革、科技、财政、工商、宣传、机构编制等其他相关部门和单位。这些相关部门要建立完善安全生产工作机制，强化安全生产责任落实，切实履行安全生产相关工作职责，为安全生产工作提供支持和保障，形成通力协作、齐抓共管的工作格局。

（三）改革重点行业领域监管监察体制

针对部分行业领域安全监管监察体制不健全、存在职能交叉或监管漏洞等问题，建议改革完善矿山、危险化学品、海洋石油以及民航、铁路、电力等重点行业领域安全监管监察体制。

1. 改革矿山安全监管监察体制

煤矿与非煤矿山都属于采矿业，具有专业技术性强、劳动密集、危险性大等许多共性，国外通行的做法是成立矿山监察机构，对煤矿、非煤矿山实行统一监察。一是建议借鉴美国矿山安全监察经验，依托国家煤矿安全监察体制，发挥煤矿安全监察机构和专业队伍（现在煤监系统有 27 个派出机构，编制 2700 人，实有 2600 余人）的优势，将与煤矿开采技术工艺类似的非煤矿山纳入国家监察范畴，建立事权明晰、权责统一、权威高效的矿山安全与健康监察体制，实行煤矿与非煤矿山一体化监察执法，有利于提升矿山尤其是非煤矿山的安全生产水平。二是对目前的监察机构进行调整，根据各地区矿山数量、分布、产能、交通、灾害及安全管理水平等情况，优化省局和分局布局，调整执法力量，重点充实监察分局的一线执法人员，与辖区内监察执法任务相适应。可在部分地区先行试点，成熟后在全国范围内推广。三是国家煤矿安全监察机构应当将其负责的安全生产许可、安全设施设计审查、主要负责人和安全管理人员资格认定等行政许可事项全部移交给地方政府，一方面可以把重点放在对地方政府监督检查和对煤矿企业的监察执法上，另一方面可以进一步强化和落实地方政府的监管职责。

2. 改革危险化学品安全监管体制

为进一步加强对危险化学品的安全管理，必须着力改革完善危险化学品监督管理体制。一是着重加强监管机构和力量建设，强化重点地区（包括重点市县、化工园区及化工聚集区等）危险化学品安全监督管理机构建设，强化基层执法力量，配齐专业监管执法人员。二是研究制定相关部门危险化学品安全监管责任分工，明确和落实危险化学品建设项目立项、规划、设计、施工及生产、储存、使用、销售、运输、废弃处置等各个环节的安全监管责任，明确安全监管部门负责危险化学品安全综合监督管理工作，进一步落实发展改革、工信、公安、环保、住建、交通运输、商务、海关、工商、质检、国资等部门法定监管职责，建立部门权力清单和责任清单，消除监管责任空白。三是充分发挥危险化学品安全监管部际联席会议作用，建立更加有力的协调联动机制，分析危险化学品安全生产形势，指导危险化学品安全监管工作，研究提出有关政策建议，协调解决危险化学品安全监管工作的重大问题，确保各部门相互配合、相互支持、形成合力。

3. 完善海洋石油安全生产监督管理体制

可在南海、东海、渤海区域设立 3 个海洋石油作业安全监察分局，配备行政执法人员，对海洋石油作业安全实施区域监察，实现政企分开，提高监管执法效能和权威性。

4. 理顺民航、铁路、电力等行业跨区域监管体制

按照相关法律法规及部门责任规定，明确行业监管、区域监管与地方综合监管职责分工，由行业监管及区域监管部门负责本行业领域安全生产行政许可、检查执法、教育培训等行业监管工作，地方安全监管部门负责指导协调、监督检查、巡查考核、事故调查等综合监管工作。同时，要建立沟通协调与

应急联动机制，加强信息交流与工作协作，及时解决发现的矛盾和问题。

（四）强化地方安全监管执法力量

各级安全生产监督管理部门是地方政府履行安全生产监管责任的主体。完善地方安全监管体制，加强基层监管队伍建设，对于强化监督管理与执法检查，落实企业安全生产主体责任，具有重要意义。建议地方各级党委和政府按照党中央、国务院关于强化安全生产基层执法力量的要求，切实加强安全监管机构与执法队伍建设，完善功能区安全监管体制。

1. 加强地方安全监管机构建设

一是将安全生产监督管理部门作为政府工作部门，并纳入行政执法序列，确立其执法主体的地位，编制、发改、财政、人力资源等部门切实保障机构编制、经费、执法应急用车等，鼓励地方将安全监管部门列为政府组成部门。二是加强安全生产执法机构建设，在各级安全监管部门设立专门监察执法机构，强化行政执法职能，提高执法权威性。重点乡镇街道设置安全监管机构，配备专职执法人员，其他乡镇街道明确负责安全监管的机构，村（社区）配备安全协管员，在高危行业领域鼓励实行驻厂（矿）安监员。

2. 强化基层安全监管力量

一是根据地区人口总量、企业数量、经济规模等，明确各级安全监管部门和执法监察机构人员配备标准。统筹政府行政执法人员编制，把机构改革、政府职能转变调整出来的人员编制重点用于充实市、县两级安全生产监管执法人员，统一纳入参公管理，将日常行政执法工作重心下移至基层一线。二是创新安全监管执法机制，在县一级探索实行安全生产领域综合执法，采取政府购买服务方式，聘用劳动合同制人员，建立辅助监管执法队伍，协助开展监察执法工作。积极探索实行派驻执法、跨区域执法、委托执法，加大基层执法力度。

3. 完善功能区安全生产监管体制

习近平总书记强调，要强化开发区、工业园区、港区等功能区安全监管。建议完善各类开发区、工业园区、港区、风景区等功能区安全生产监管体制。一是对各类开发区、工业园区、港口、自贸区、风景区等功能区安全监管体制提出明确要求，原则上国家级、省级功能区和所有化工园区设立安全监管机构，其他功能区明确负责安全监管的机构和人员，落实属地政府的安全生产监管的职责。二是明确港区安全生产地方监管和部门监管责任，主管部门要切实履行行业安全监管本职，地方安全生产监督管理部门做好综合监管工作，解决行业和属地监管责任不落实、政企不分、存在监管漏洞等问题。

（五）强化安全生产应急管理体系

应急救援是安全生产的最后一道防线，对维护人民群众生命安全、降低事故损失具有重要作用。习近平总书记指出，要加强应急救援工作，最大限度减少人员伤亡和财产损失。建议从管理体制、工作机制、队伍力量等三个方面改革当前应急救援管理体制。

1. 推进安全生产应急救援管理体制改革

根据《国家安全生产事故灾难应急预案》和国家安全生产应急救援指挥中心"三定规定"，国家安全生产事故灾难应急领导机构为国务院安全生产委员会，综合协调指挥机构为国务院安全生产委员会办公室，国家安全生产应急救援指挥中心具体承担安全生产事故灾难应急管理工作，履行全国安全生产应急救援综合监督管理行政职能。建议按照"政事分开"的原则，参照气象局、地震局，将国家安全生产应急指挥中心改组为应急管理局，明确机构性质，强化行政管理职能，提高应急管理能力。二是要建立完善省、市、县三级安全生产应急救援管理机构，省、市两级建立健全安全生产应急管理机构，县级及功能区建立或明确安全生产应急管理机构，落实专人负责应急管理工作，明确机构性质及职责，健全相关工作机制，强化应急管理与处置职能。

2. 健全安全生产应急救援协调联动机制

习近平总书记指出，要认真组织研究应急救援规律，加强相应技术装备和设施建设。对此，京津冀地区先试先行，已正式启动安全生产联防联控体系建设。到2018年，三地将建成安全生产区域一体化应急网络，实现重特大生产安全事故风险区域预测预警，应急救援统一调度、联合处置、力量互补、信息共享。针对目前存在的问题，借鉴各地探索实践，建议健全安全生产应急救援协调联动机制。一是建设联动互通的应急救援指挥平台，完善各级安全生产应急救援数据库及模拟分析、通信决策、资源管理等子系统，建设重点行业领域和区域应急救援联动指挥与决策平台，加强跨部门、跨地区信息交流与共享，强化应急救援指挥机构与事故现场的远程通信指挥保障，提高响应和救援效率。二是实行区域化应急救援资源共享，各级政府要建立健全应急装备物资储备保障制度和资源信息库，加强与物资储备主管部门、大型装备生产企业、相关救援队伍的沟通衔接，建立重要应急装备物资的生产、储备、监管、调用和紧急配送体系，完善应急救援队伍所需的救援车辆与物资装备，重点加强国际先进、安全可靠、机动灵活、实用性强的专业救援设备装备。

3. 加强安全生产应急救援基地和队伍建设

结合产业发展、环境条件和事故态势，开展国家和区域安全生产应急救援力量需求评估，合理规划和调整应急救援队伍建设。一是针对现有救援力量难以覆盖的区域，依托公安消防、大型企业、工业园区等应急救援力量，整合和加强现有救援队伍，培育专业化救援组织，积极推进矿山、危险化学品、油气管道、交通运输、医疗救护等重点行业领域及重点地区应急救援基地和队伍建设，扩大空间覆盖范围，增强专业救援能力。

4. 引导建立社会化救援力量

推动高危行业企业加强专兼职救援队伍建设，提升企业第一时间应急响应能力。通过企业投入、政府补助、市场化运作等多种方式，提高队伍运行维护经费保障能力。加大对中小型公益性救援队伍支持力度。培育市场化、专业化的应急救援组织，鼓励和支持社会组织、社会力量参与安全生产应急救援。完善安全生产应急志愿者管理，培育专业志愿者组织。

专题三　安全生产法治体系研究

依法治国是"四个全面"战略布局的重要组成部分。习近平总书记强调指出，必须强化依法治理，用法治思维和法治手段解决安全生产问题，加快安全生产相关法律法规制定修订，加强安全生产监管执法，着力提高安全生产法治化水平。因此，加强安全生产法制建设，建立科学、长效监管机制，是安全生产领域贯彻落实"依法治国"方略，推动实现安全生产长治久安的必然要求。

一、安全生产法律体系现状

（一）安全生产法律体系构成

安全生产法律体系，是指我国现行的有关安全生产法律规范及规章形成的有机联系的统一整体。经过长期持续努力，我国安全生产初步建立了以《安全生产法》为核心的安全生产法律体系，以法规的效力层级为依据，主要包括宪法、法律、法规、规章等四个效力层级。此外，标准、与安全生产有关的国际条约和规范性文件也是法律体系的重要补充。安全生产法律体系效力层级示意如图3-1所示。

目前，我国的安全生产立法按照不同的标准可以作不同的分类：从立法主体的性质来看，分为权力机关立法（人大及其常委会立法，包括宪法、法律、地方性法规）和行政机关立法（行政机关立法，包括行政法规、部门规章、地方政府规章）；从法律效力的层级来看，又可以分为中央立法（法律、行政法规、部门规章）和地方立法（地方性法规、地方政府规章）。

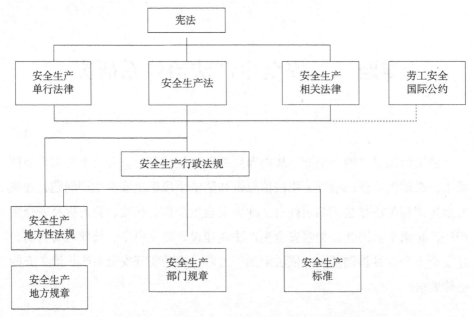

图 3-1　安全生产法律体系效力层级示意图

（二）安全生产立法现状

按照依法治国，建设社会主义法治国家的要求，更重要的是依靠法律的手段来维护。目前，现行有效的涉及安全生产的立法主要包括以下几个层面：

1.宪法

宪法是国家根本大法，具有最高法律效力。我国 1982 年《宪法》第 42 条关于"加强劳动保护，改善劳动条件"是安全生产方面最高法律效力的规定。

2.法律

我国关于安全生产的法律包括基础法、专门法律和相关法律。

（1）基础法。《安全生产法》和《职业病防治法》适用于中华人民共和国领域内从事生产经营的单位，是我国安全生产法律体系的基础。

（2）专门安全生产法律。专门安全生产法律是规范某一专业领域安全生产法律制度的法律。我国在专业领域的法律有《矿山安全法》《道路交通安全法》《消防法》《海上交通安全法》《石油天然气管道保护法》《特种设备安全法》（简称，全部省略"中华人民共和国"字样）等。

（3）相关法律。与安全生产相关法律是指在安全生产专门法律以外的其他法律中涵盖有安全生产监督管理内容的法律。主要包括：相关行业法律，包括《煤炭法》《矿产资源法》《建筑法》《铁路法》《民用航空法》等；相关专业法律，包括《劳动法》《工会法》等；安全生产监督执法工作相关的法律，包括《刑法》《刑法修正案（六）》《刑事诉讼法》《行政监察法》《行政处罚法》《行政复议法》《行政许可法》《行政强制法》《国家赔偿法》《标准化法》等。

3. 行政法规

安全生产行政法规是由国务院组织制定并批准公布的，是为实施安全生产法律或规范安全生产监督管理制度而制定并颁布的一系列具体规定，是实施安全生产监管工作的重要依据。我国安全生产行政法规主要包括：综合类，包括《安全生产许可证条例》《生产安全事故报告和调查处理条例》《工业产品生产许可证管理条例》《国务院关于特大安全事故行政责任追究的规定》《劳动保障监察条例》等；煤矿安全类，包括《煤矿安全监察条例》《国务院关于预防煤矿生产安全事故的特别规定》；危险化学品安全类，包括《危险化学品安全管理条例》《使用有毒物品作业场所劳动保护条例》《易制毒化学品管理条例》；烟花爆竹安全类、建设工程安全类、交通运输安全类以及其他如《大型群众性活动安全管理条例》《电力监管条例》《水库大坝安全管理条例》等的安全生产法律法规。

4. 部门规章

部门规章由国务院有关部门为加强安全生产工作而公布的规范性文件组成，有关部门安全生产规章作为安全生产法律法规的重要补充，在我国安全生产监督管理工作中起着十分重要的作用。

5. 地方性法规、地方政府规章

安全生产地方性法规、地方政府规章是指由有立法权的地方权力机关—地方人民代表大会及其常务委员会和地方政府制定的安全生产规范性文件，是由法律授权制定的，是对国家安全生产法律、法规的补充和完善，具有较强的针对性和可操作性。各地依照国务院《关于进一步加强安全生产工作的决定》中所确定的原则，结合本地区的实际，大大加强了本地方安全生产立法工作，制定了与《安全生产法》等安全生产法律、行政法规相配套的一系列地方立法。大部分省（自治区、直辖市）根据《安全生产法》的原则性规定，结合本地情况，出台了《安全生产条例》或《安全生产法实施办法》《危险化学品安全管理条例》及配套的地方性法规和规章，细化了《安全生产法》的适用规定。地方立法在维护国家法治统一的前提下，作出许多创新性的规定，其立法尝试为我国中央立法的健全完善提供了有益的经验借鉴。地方立法的不断加强和完善，有力地推动了我国安全生产的规范化、制度化和法律化建设。

6. 安全生产标准

安全生产标准是安全生产法律体系的重要组成部分，是安全生产法律法规贯彻实施的重要手段和技术支撑。党和政府始终重视安全生产标准化工作。新中国成立以来，我国安全生产标准化工作发展迅速，各类行业标准也在几千项以上。我国安全生产方面的国家标准或者行业标准，均属于法定安全生产标准，《安全生产法》有关条款明确要求生产经营单位必须执行安全生产国家标准或者行业标准，通过法律的规定赋予了国家标准和行业标准强制执行的效力。此外，我国许多安全生产立法直接将一些重要的安全生产标准规定在法律法规中，使之上升为安全生产法律法规中的条款。因此，安全生产国家标准和行业标准，虽然和安全生产立法有所区别，但在一定意义上，可以被视为我国安全生产法律体系的重要组成部分。当然，其主体内容属于技术规范的范畴。

7. 规范性文件

规范性文件是由行政机关制定的除规章以外的有关行政管理的规则，以文件的形式发布，能对现实生产中的突出问题作出较为及时的反应，在其发布机关的行政职权范围内具有约束力。

（三）安全生产法律体系的实施情况

我国安全生产法律体系总体上适应我国安全生产发展，有力地推动了各项安全生产事业的顺利进行。安全生产的有关法律法规和标准规范为我国安全生产领域行政执法工作和企业加强自我管理提供了法律规范依据，安全生产法治建设在安全生产各项工作中的地位日益重要。具体贯彻实施情况表现在以下方面：

1. 地方各级政府日益重视安全生产法治建设

随着各地经济社会发展水平和安全生产形势的不断变化，各地政府都注重加强安全生产法治建设。不断加强执法和法律法规的宣传教育，加大执法力度，安全生产形势逐步稳定好转。安全事故起数和伤亡绝对数、相对数等都大幅度下降，这与已基本形成的安全生产法律体系所起的保证作用是分不开的。

2. 安全生产行政执法治度建设得到加强

安全生产行政执法治度建设是近几年我国安全生产执法工作的重点内容之一，通过梳理执法依据、分解执法职权、明确执法责任，建立评议考核机制，旨在建立权责明确、行为规范、监管有力的行政执法体系。

3. 安全生产法律责任机制趋于健全完善

近年先后出台的《刑法修正案（六）》、《安全生产违法违纪处罚办法》、《国务院办公厅关于加强安全生产监管执法的通知》（国办发〔2015〕20号）、《安全生产监管监察职责和行政执法责任追究的规定》、《最高人民法院、最高人民检察院关于办理危害矿山生产安全刑事案件具体应用法律若干问题的解释》（法释〔2007〕5号）等法律法规，进一步明确了两个主体责任，全面建立了"党政同责、一岗双责、齐抓共管"的安全生产责任体系，落实属地监管责任。通过加大对违法相对人的处罚力度，增加其违法成本，有力遏制了安全生产违法犯罪行为，而且逐步健全和完善了安全生产行政执法责任制度，对安全监管行政执法起到了有效规范和约束作用。

4. 安全生产法律法规宣传和贯彻力度进一步加强

宣传教育是法律得以贯彻执行的重要制度保障，安全生产法治宣传教育在各地取得了明显成效。但基层执法人员在掌握法律法规和熟练运用安全生产立法方面仍有很大发展空间，机械理解法条和机械执法情况仍然存在。特别是基层执法力量如县级安监局工作人员在最新法律学习、领会方面仍存在参差不齐现象。此外，安全培训方面，部分领域安全教育培训工作落实不到位。企业员工流动性太大，企业很难做到完全依法培训，如造船行业、小煤矿、高危行业仍存在不少问题。

二、安全生产法治体系存在的主要问题

（一）法规标准体系不够健全

1. 法律法规之间协调性、一致性不足

安全生产涉及众多行业领域，由于综合协调和部门沟通不够等原因，安全生产立法分散、衔接配套不够协调、修订完善不够及时，甚至还存在法律缺失、相互矛盾等问题。同时，各具体行业的安全状况和立法思路不同，法律法规制定起草的时代背景不同等原因，加之我国安全生产立法的应急性特征比较明显，使我国安全生产法律体系框架中的一些各种法规、规章之间不可避免地出现了相关立法不够配套、衔接不良等问题，不少规范之间缺乏有机的联系，一些规范之间存在交叉重叠，部分法律和行政法规在具体适用上存在选择性问题，给安全生产执法工作带来一定难度。

2. 部分法律法规缺失

随着我国经济社会发展，经济发展方式的不断转变和产业结构的转型升级，安全生产工作需要面对不断出现的新情况、新问题和新矛盾。目前的法律法规和规章有不少尚未制订，如应急救援、职业健康、综合监管等领域存在立法缺位，特别是市县基层执法机构设置和队伍建设缺乏统一规定，执法力量薄弱，无法满足安全生产的需要。

3. 地方安全生产立法存在障碍

安全生产与经济社会发展水平、产业结构、人员素质等情况密切相关，具有较为明显的区域差异性，部分安全生产法律法规的具体规定在局部地区适用性不强。同时，市级安全生产监督管理部门任务繁重，需要地方性法规予以支持。

4. 法规标准制修订严重滞后

目前，我国安全生产法律体系总体成型，但是仍存在部分主体法律配套法规立法滞后，一些法律法规制定修订进展缓慢、针对性和可操作性不强等问题。受立法资源等因素制约，现行有效的安全生产法律法规、规章中有的颁布实施已经十余年仍未进行任何修订，已经不能适应当前安全生产形势的需要。例如我国作为世界第一化工大国，尚未有一部关于危险化学品安全监

管的专门法律，现行的《危险化学品安全管理条例》立法层级较低，监管协调难度大、力度不够，必须加快制定修订安全生产法配套法规。此外，我国安全生产相关标准虽然已有 1500 多项，但是存在强制性国家标准数量少、部分标准的标龄过长（90% 以上的强制性标准超过 10 年以上）、标准规定尺度不一、关键标准缺失，新产品、新工艺、新业态标准制定滞后等突出问题。

5. 标准制定发布机制不畅

目前，工程建设、卫生、农业、环保等 4 类国家标准由行业主管部门制定公布、标准化主管部门编号。但目前生产经营单位职业危害预防治理标准制定修订由卫生部门负责，与监督实施相脱节，安全生产强制性国家标准制定程序复杂且耗时较长，难以适应职业健康与安全生产监管工作需要。由于安全生产涉及行业领域众多，标准制定修订工作任务重、专业性较强，为了简化程序、提高效率，防止标准之间相互矛盾，应当改革职业危害预防治理和安全生产强制性标准制定发布机制。

（二）行政许可制度有待优化

1. 一些重大项目安全审批把关不严

近些年，因为安全生产行政审批把关不严，直接或间接导致事故发生的案例屡见不鲜。例如天津"8·12"特别重大火灾爆炸事故中，天津市有关部门在明知瑞海公司未取得法定审批许可手续、不具备港口危险货物作业条件的情况下，违法批准瑞海公司从事港口危险货物经营，明知其危险货物堆场改造项目未批先建，仍批准其验收通过，成为导致事故发生的重要原因。

2. 放管服工作有待进一步推动

目前，安全审批权力主要集中在省级安全监管部门，根据《安全生产许可证条例》（国务院令第 397 号）有关规定，国家对矿山企业、建筑施工企业和危险化学品、烟花爆竹、民用爆破器材生产企业实行中央和省两级颁发安全生产许可证制度。实践中，省一级承担的审批任务过重，耗费了过多人力及时间成本，不利于各省安监部门集中精力对全省的安全生产工作进行整体谋划和指导协调。

3. 部分行政许可过度取消下放

一些地方和部门为落实上级要求，或为了逃避责任，以改革之名行削弱安全监管之实，过度取消或下放一些关键的安全生产行政审批事项，有的甚至将高危行业安全许可下放给县级安监部门，但县一级严重缺乏专业技术力量，难以承担此项工作。截至 2015 年底，安全监管监察系统已经取消下放 50% 的审批事项，有的审批许可一放了之，没有配套的事后监管措施，导致监管力度松懈，产生新的隐患和问题。

（三）监管执法工作不规范

1. 监管执法机制不完善

当前我国安全生产监管执法仍然存在责任不明确、制度不完善、程序不规范、计划不科学等问题。一些基层监管执法人员法治意识不强、专业素质不高，导致监管执法不严、执法不公，失之于宽、失之于软的问题较为突出。还有个别领导干部以公谋私，打招呼、递条子，干扰安全生产监管执法现象时有发生。例如湖南湘潭立胜煤矿"1·5"特别重大火灾事故中存在地方有关部门违规延续采矿许可证，甚至有干部入股煤矿和严重腐败等问题。

2. 行刑衔接制度没有建立

目前安全生产领域行政执法和刑事司法衔接的情况看，制度还不够健全、机制还不够完善，有的案件线索该移送的没有移送，有的案件移送接收不畅，有的接收了案件但是迟迟不审判，难以发挥法律的惩戒警示作用。例如《生产安全事故报告和调查处理条例》与《行政执法机关移送涉嫌犯罪案件的规定》对案件的移交时间和相关证据材料要求不一致，安全生产监督管理部门事故调查取证的方法与标准与公安部门不一致，很多证据公安部门无法使用需要重新调查取证，影响了相关人员责任追究的时效。

3. 对危害安全生产秩序的刑事犯罪打击不力

有些地方政府和部门对危害安全生产秩序的刑事犯罪打击不力、处罚偏低，存在以经济处罚代替责任追究、以行政处罚代替刑事处罚、以缓刑代替实刑等现象。还有一些地方政府不重视安全生产工作，企业拒不执行安全生产行政执法决定，安全生产监管监察部门申请强制执行后，有的司法机关不予受理或不执行，严重损害行政执法和司法公信力。

4. 事故调查处理不科学不严谨

目前，参加生产安全事故调查部门较多，部分基层安全生产监管人员专业水平不高，事故调查组处理协调难度大，权威性不够。事故调查的主要目的应当是调查事故原因，避免以后类似的事故再发生，但当前对执法人员的追究成为事故调查处理的主要方向和内容，使得事故调查处理偏离合理轨道，违背立法初衷。许多基层人员反映，事故调查处理演变成"四比"，即比狠、比多、比重、比快，放的话越狠越是好领导，处理的人越多越是受肯定，处理得越重越得人心，处理得越快越有水平。至于处理得是否科学、是否公平、原因是否真实反而容易被人忽视。

（四）安全生产执法保障不足

1. 执法力量装备仍不能满足需求

《国务院办公厅关于加强安全生产监管执法的通知》要求深入开展安全生产监管执法机构规范化、标准化建设，改善调查取证等执法装备，保障基层执法和应急救援用车。但在执行过程中，一些地区人员、车辆、装备等方面并没有完全落实到位。例如有的地区未按照执法机构标准保障安监部门车辆，尤其是乡镇（街道）安全监管机构没有执法用车，安全监管人员享受不到执法津贴和用车补助，"私车公用"的情况较为普遍。此外，同样作为行政执法部门，安全监管部门还没有统一的执法服装，安全监管执法的形象和权威性受到影响。

2. 监管执法人员追责压力巨大

目前，我国相关法律法规和制度对安全生产监管执法责任边界缺乏明确规定，在事故调查处理中，往往出现基层安监干部"不去检查是失职，去检查了是渎职"而被追究责任的情况，基层反应比较强烈，直接影响了安全监管监察队伍的积极性和稳定性。例如甘肃省白银市平川区安全监管局自2002年以来已有近半数的工作人员受到处分，重庆市綦江区曾出现26名安监干部集体辞职"回家种田"的现象。

3. 监管执法人员专业能力不足

目前，我国一些基层市县安全生产监管执法人员的专业化水平偏低，尤其是化工、矿山等相关专业人员缺乏，整体素质不高。尤其是乡镇一级执法人员流动性大，专业培训不足，有的没有执法证，不会执法、不能执法的问题较为突出。

三、完善我国安全生产法律体系的对策建议

（一）健全法律法规体系

1. 建立安全生产立法审查与协调机制

针对安全生产立法分散、衔接配套不够协调、修订完善不够及时、法律缺失甚至相互矛盾等问题，必须建立健全安全生产立法协调与一致性审查机制。一是要建立部际协调沟通机制，各部门立法要加强沟通并充分征求意见，进一步推进科学立法、开门立法，提升安全生产法律法规立改废释效率。二是建立一致性审查机制，在制定修订安全生产相关法律法规时，安全生产监督管理和法制部门要做好一致性审查，增强安全生产法制建设的系统性和统一性，着力解决法律法规不配套、相关内容不一致等问题。

2. 加快制定修订安全生产相关法律法规

一是制定中长期立法规划，加强安全生产法律法规整体设计，研究提出安全生产立法框架、重点任务、主要内容和计划进度。二是重点推进"两法"（《矿山安全法》《危险物品安全监督管理法》）、"三条例"（《安全生产法实施条例》《生产安全事故应急条例》《高危粉尘作业与高毒作业职业卫生监管条例》）的制修订工作，加快修订《消防法》《道路交通安全法》《海上交通安全法》《铁路法》《石油天然气管道保护法》等安全生产专门法律法规。三是借鉴《煤矿安全规程》的成功经验，由相关行业领域主管部门组织研究制定化工、建筑施工、冶金等高危行业领域安全技术规程，重点从技术工艺、作业现场、防范措施等方面对高危行业安全生产工作予以明确规范，提高法规标准的实用性和可操作性。

3. 强化安全生产法治化规范约束

一是借鉴"醉驾入刑"、制售食品药品违法行为入刑的立法思路，建议修改《刑法》相关条款，将无证生产经营建设、拒不整改重大隐患、强令违章冒险作业、特种作业人员无证上岗、拒不执行安全监察执法指令等具有明显的主观故意、极易导致重大生产安全事故的典型违法行为列入《刑法》调整的范围，直接追究其刑事责任，大幅抬高违法成本，对相关人员形成足够的震慑。二是鼓励各地设区的市加强安全生产地方性法规建设，市人民代表

大会及其常务委员会可以根据本市安全生产工作实际，研究制定安全生产方面的地方性法规，经省级人民代表大会常务委员会批准后实施，解决区域性安全生产突出问题。

（二）完善标准体系

1.加快安全生产标准的制定修订和整合

按照《国务院关于深化标准化工作改革方案的通知》（国发〔2015〕13号）要求，加快安全生产标准的制定修订和整合。一方面，要认真研究近年来重特大和典型事故暴露出的安全标准缺陷，组织梳理急需制修订和整合精简的安全生产标准，在"十三五"期间重点推进《企业安全生产标准化基本规范》等455项标准制修订工作，建立以强制性国家标准为主体、推荐性标准为补充，国家标准、行业标准、地方标准协同有序发展的安全生产标准体系，提高安全生产标准的权威性和约束性。另一方面，强制性国家标准只是企业安全生产工作的最低标准，一些行业和大型企业为了适应市场竞争、树立品牌、提升产品和服务质量，还需要研究制定高于国家标准的行业标准和企业标准。同时，国外职业安全健康标准体系较为完备，很多标准也值得我们参考借鉴。因此要鼓励社会团体和企业研究制定有关新产品、新工艺、新业态标准，制定、应用更加严格规范的安全生产行业和企业标准；加强国内外标准对比研究，结合我国国情和安全生产实际，积极借鉴实施国际先进标准，在行业和企业内部应用。在此过程中，可逐步将一部分行业标准、企业标准和国际标准上升为强制性国家标准，进一步督促和指导企业提高安全生产技术管理水平。

2.改革生产经营单位职业危害预防治理和安全生产国家标准制定发布机制

国务院深化标准化工作改革方案提出，要简化制定修订程序，提高审批效率，缩短制定修订周期。由于安全生产涉及行业领域众多，标准制定修订工作任务重、专业性较强，为了简化程序、提高效率，防止标准之间相互矛盾，应当改革职业危害预防治理和安全生产强制性标准制定发布机制。一是根据《国家安全生产监督管理总局主要职责内设机构和人员编制规定》（国办发〔2008〕91号）和《关于职业卫生监管部门职责分工的通知》（中央编办发〔2010〕104号），原由卫生部负责的职业卫生监督检查职责转为国家安全监管总局承担，为防止立标与执法相分离，应将生产经营单位职业危害预防治理国家标准的制定发布工作调整由国家安全监管总局负责。二是由国家安全监管总局统筹提出安全生产强制性国家标准立项计划，有关部门按照职责分工组织起草、审查、实施和监督执行，标准化行政主管部门负责及时立项、编号、对外通报和批准并发布，加快标准制定修订进程。同时科学优化工作程序，相关部门要加强沟通协调，妥善解决安全生产和职业危害防治标准在立项、起草、征求意见、审查、发布、实施等环节存在的问题。

（三）严格安全准入制度

1. 严格高危行业领域安全准入条件

2005 年，全国开始煤矿整顿关闭，淘汰落后产能，10 多年间小煤矿数量从 2004 年底的 2.3 万处下降到目前不到 1 万处，减少了 60% 左右，对促进煤矿安全生产形势持续稳定好转作出了重要贡献。应当继续严格矿山、危险化学品、建筑施工、烟花爆竹等高危行业安全准入条件。一是要坚持安全生产高标准、严要求，招商引资、上项目要严把安全准入关，认真执行安全生产许可制度和产业政策，坚决做到不安全的项目不批，不安全的企业不建。二是要不断提高安全准入条件，充分运用安全管理倒逼机制，对煤矿、钢铁等产能严重过剩的行业，加快淘汰落后产能，推动产业转型升级，提高安全保障能力。

2. 依法严格管理安全生产行政许可事项

近些年，因为安全生产行政审批把关不严，直接或间接导致事故发生的案例屡见不鲜。安全生产行政审批事项决不能为了减少而减少，为了下放而下放，更不能为了怕承担责任而下放、取消，决不能以改革之名行削弱安全监管之实。加快安全生产行政审批改革，一方面要落实国家关于简政放权的决策部署，对于企业能够自主决定的、市场机制能有效调节的安全生产许可项目，一律取消或下放，减少政府对微观事务的干预。另一方面，必须以对人民群众生产生命财产安全高度负责的精神，正确处理好简政放权与加强安全监管的关系，对与人民群众生命财产安全直接相关的安全生产许可项目必须予以保留和完善，依法严格管理。

3. 优化行政许可办理程序和工作流程

党的十八届五中全会提出，持续推进简政放权、放管结合、优化服务，提高政府效能。要依据《安全生产法》《行政许可法》等法律法规，按照强化监管与便民服务相结合的原则，建立完善相关管理制度，科学设置安全生产行政许可办理程序，优化工作流程，简化办事环节，编制服务指南，制定工作细则，规范行政审批的程序、标准和内容，实施网上集中受理和审查，及时公开审批受理、进展情况和结果，做到既简化程序、方便企业和群众办事，又加强管理、接受社会监督。

4. 加强取消下放许可事项的事中事后监管

习近平总书记强调，要确保安全准入标准不降低，在下放权力的同时要加强监管。《国务院关于"先照后证"改革后加强事中事后监管的意见》提出，创新监管方式，构建权责明确、透明高效的事中事后监管机制。截至2015年底，安全监管监察系统已经取消下放 50% 的审批事项。但安全生产事关人民群众生命安全，对确需取消、下放、移交的行政许可事项，决不能一放了之，要创新相关监管机制，采取随机抽查、专项检查等执法方式，利用信用联合惩戒、行业组织自律、社会舆论监督等市场机制，加强事中事后监管，确保行政许可取消、下放、移交后标准不降低、管理不放松。

（四）规范监管执法行为

1. 完善安全生产监管执法机制

针对我国安全生产监管执法仍然存在责任不明确、制度不完善、程序不规范、计划不科学等问题，必须完善安全生产监管执法机制，加强监管执法制度化、标准化、信息化建设。一是要按照网格化管理的思路，依法依规明确每个生产经营单位的安全生产监督和管理主体，科学划分各级负有安全生产监督管理职责部门及行业管理部门的监督和管理权限，切实落实监管执法责任制度，做到管行业必须管安全，消除监管盲区。二是要研究起草安全生产监管检查执法相关办法，科学制定实施执法计划，明确执法主体、方式、程序、频次，细化"双随机"抽查、定期检查、专项检查、联合检查、专家检查、暗查暗访、互检互查等检查方式，规范安全生产监管执法检查行为，提高执法实效。三是要完善执法程序规定，编制推行安全生产监管执法和煤矿安全监察执法手册，规范行政许可、行政强制、行政处罚等行政执法程序，统一执法文书，提高监管执法的标准化和规范化水平。

2. 建立行政执法和刑事司法衔接制度

负有安全生产监督管理职责的部门要与公安、检察院、法院等加强协调配合，完善安全生产违法线索通报、案件移送、受理立案与协助调查等工作机制。包括统一安全生产行刑衔接的移送标准，理顺案件移送的基本流程，提高行政执法证据收集的合法性，建立相关信息共享交流机制等，防止出现有案不移、有案难移、以罚代刑现象，实现安全生产行政处罚和刑事处罚无缝对接。

3. 完善司法参与机制

一是对违法行为当事人拒不执行安全生产行政执法决定的，负有安全生产监督管理职责的部门应依法申请司法机关强制执行，司法机关应积极配合，及时受理并执行。必要时可申请人民法院立即执行。二是完善司法机关参与事故调查机制，对事故调查中发现涉嫌犯罪的，调查组应及时将有关材料移交司法机关处理，充分发挥司法机关在事故调查中的作用，严肃查处违法犯罪行为，有条件地区的法院、检察院可以设立安全生产审判庭、检察室，专门受理、查办和审判安全生产案件。三是研究建立安全生产民事和行政公益诉讼制度。中央生态文明建设改革意见中提出建立环境公益诉讼制度。考虑到安全生产工作的公益性和重要性，应当借鉴环境公益诉讼的经验做法，研究建立安全生产民事和行政公益诉讼制度。对涉及公众利益的安全生产问题，可分别由社会组织和检察机关提起民事公益诉讼和行政公益诉讼。

（五）完善执法监督机制

1. 建立人大和政协监督机制

一方面，要加强人大法律监督。检查安全生产法律法规在本辖区内的遵守和执行情况是各级人民代表大会及其常务委员会的重要职责。各级人大应当通过执法检查、专题询问等方式，定期检查安全生产法律法规实施情况，主要包括政府完善安全生产监管的体制机制情况、有关部门依法履行安全生产监管职责情况、生产经营单位安全生产主体责任落实情况等。另一方面，要加强政协民主监督。各级政协主要职能是对政治、经济、文化和社会生活中的重要问题以及人民群众普遍关心的问题。开展政治协商、民主监督、参政议政。各级政协要充分发挥参政议政职能，围绕安全生产突出问题开展民主监督和协商调研，围绕安全生产法律法规实施情况开展民主监督，完善安全生产协商成果采纳、落实和反馈机制，充分发挥对安全生产工作的推动作用。

2. 建立完善监管执法部门内部监督机制

党的十八届四中全会要求完善执法程序，建立执法全过程记录制度，严格执行重大执法决定审核制度。为促进监管执法的科学化、制度化、民主化，必须建立完善监管执法部门内部监督机制。一是负有安全生产监督管理职责的部门必须强化内部监督，建立执法行为审议和重大行政执法决策机制，定期或不定期对安全生产监管执法行为进行评议考核，对现场情况复杂、情节严重、处罚较重的案件要进行集体审议后决策，使之经得起法律法规的考量和公众的拷问，这也是降低执法风险、防止滥用职权、保护执法人员的有效手段。二是按照党的十八届四中全会要求，借鉴中共中央办公厅、国务院办公厅印发的《领导干部干预司法活动、插手具体案件处理的记录、通报和责任追究规定》，建立领导干部非法干预安全生产监管执法活动记录、通报和责任追究制度，切实保障安全生产监督管理部门依法独立、公正行使监管执法权力。

3. 建立社会监督和舆论监督机制

社会监督和舆论监督是政府行政执法监督的重要形式。建立社会监督和舆论监督机制，主要形式是完善安全生产执法纠错和执法信息公开制度。执法纠错，即负有安全生产监督管理职责的部门发现错误的行政执法行为要主动撤销或者变更，并查明原因依法追究相关执法人员责任，保证执法严明、有错必纠。信息公开，即主动公开检查执法的对象、内容、过程和处理结果。《国务院办公厅关于加强安全生产监管执法的通知》（国办发〔2015〕20号）规定，各有关部门依法对企业作出安全生产执法决定之日起20个工作日内，要向社会公开执法信息。这样，一方面使监管执法行为接受社会和舆论的监督，督促政府严格执法、规范执法；另一方面也把企业置于社会和舆论监督之下，对于企业严重违法行为和重大隐患要公开曝光，督促其及时整改隐患问题和违法行为。

（六）健全监管执法保障体系

1. 加强监管执法车辆装备保障

一是要研究制定安全生产监管监察能力建设规划，明确各级安全生产监督管理部门人员、经费、用房、车辆、装备等配备标准，建立与经济社会发展、企业数量、安全基础相适应的保障机制。二是要加强检验检测、调查取证、应急救援等安全生产监管执法技术支撑体系建设，加快形成与监督检查、取证听证、调查处理等执法全过程相配套的技术支撑能力，基层执法人员要配备使用便携式移动执法终端，确保监管执法工作需要。三是统一安全生产执法标志标识和制式服装，做到着装整齐、规范，提升安全生产监管执法人员形象，提高执法的严肃性和权威性。

2. 建立监管执法经费保障机制

《国务院办公厅关于加强安全生产监管执法的通知》（国办发〔2015〕20号）提出健全安全生产监管执法经费保障机制，将安全生产监管执法经费纳入同级财政保障范围。各级人民政府必须健全完善负有安全生产监督管理职责部门的监管执法经费保障机制，将监管执法经费列入同级政府年度财政预算，全额保障监管执法部门的人员经费、办公经费、业务装备经费和基础设施建设经费等，确保安全生产监管执法机构正常开展工作。

3. 建立安全生产监管执法人员履职制度

中共中央办公厅、国务院办公厅印发的《保护司法人员依法履行法定职责规定》，从排除阻力干扰、规范考评考核和责任追究、加强人身安全保护、落实职业保障等方面作出了明确规定，进一步严密了司法人员依法履职的制度保障。建议借鉴司法等领域经验，结合有关地区的探索实践，提出建立安全生产监管执法人员依法履行法定职责制度，对监管执法责任边界、履职内容、追责条件等予以明确规定，激励广大安全生产监管执法人员忠于职守、履职尽责、敢于担当、严格执法。

4. 加强监管执法人员管理

发达国家对安全生产监管执法人员有很高的要求，例如美国矿山安全监察人员必须具有5年以上矿山工作经验、接受国家职业安全健康学院培训、再实习一年后方可上岗执法。对此，我国应加以学习借鉴，加强监管执法人员管理。一是严格执法人员资格管理，要制定安全生产监管执法人员录用标准，必须取得相关专业学历，具有一定工作经验才能录用为监管执法人员，逐步提高专业监管执法人员比例，根据《国务院办公厅关于加强安全生产监管执法的通知》（国办发〔2015〕20号），2018年内实现专业监管人员配比不低于75%。二是建立健全安全生产监管执法人员凡进必考、入职培训、持证上岗和定期轮训制度，具体包括新进人员考试录用制度、入职前的脱产培训制度、执法人员考试和持证上岗制度和上岗后的定期轮训制度等，对监管执法人员录用、入职、上岗、晋职等关键环节和长期培训教育进行严格管理，提高安全监管执法人员业务水平，满足专业化监管执法的需要。

（七）完善事故调查处理机制

1. 完善事故调查处理工作机制

一是完善生产安全事故调查组组长负责制，明确由事故调查组组长主持调查组工作，主要包括组织现场调查和取证、查明事故与救援经过、分析事故原因、认定事故性质、提出相关责任人处理建议、明确整改防范措施、编写并提交事故调查报告等，对于具有争议的问题和事项，组长具有最终的决策权。各参与部门要密切配合，服从工作安排，维护组长权威，认真完成职责范围内的调查处理工作。二是健全典型事故提级调查、跨地区协同调查和工作督导机制，对于一些案情复杂、性质恶劣、影响重大的事故由上级人民政府组织调查；对于跨地区、跨行业领域的事故，相关政府和部门要加强协同，形成合力；同时各级安全生产委员会要对辖区内的事故调查处理工作进行监督指导，确保事故调查处理和相关人员责任追究落实到位。三是建立事故调查分析技术支撑体系，加强侦查取证、检验检测、分析鉴定、模拟仿真等技术支撑机构建设，组建各级各行业领域专家队伍，为事故调查工作提供有力的技术保障。

2. 建立事故调查处理推动安全防范工作的机制

国外高度重视事故调查工作，注重用事故教训推动安全生产工作。2006年1月，美国西弗吉尼亚州萨戈煤矿发生瓦斯爆炸事故，造成12人死亡，1人重伤，同年6月美国联邦政府即制定颁布了《煤矿改善与新应急响应法》，对建立井下避险系统、完善矿山应急响应体系提出了要求。欧盟国家普遍采用"无责备"的事故调查原则，赋予事故调查机构充分权力，保证其不受任何外部影响独立开展事故调查，彻查事故原因，提出客观完整的建议。应该借鉴国外经验，充分发挥事故查处对加强和改进安全生产工作的促进作用。一是坚持问责与整改并重，重点分析事故背后的政府监管、企业管理、工艺技术、现场管理等方面的原因，研究提出针对性的具体对策措施，避免同类事故反复发生，实现从问责型向学习型事故调查的转变。二是严格规范事故调查报告，所有事故调查报告要设立技术和管理问题专篇，详细分析事故原因并全文公开，事故调查组要做好解读，积极回应公众关切，切实起到警示教育作用。三是建立法律法规标准制修订机制，结合事故调查工作，分析国内外重特大生产安全事故典型案例，针对法律法规标准暴露出的漏洞和缺陷，及时开展法规标准符合性评价，加快启动制定修订工作。

3. 建立事故暴露问题整改督办制度

为切实吸取事故教训、举一反三，强化事故调查处理后的整改落实，建议建立事故暴露问题整改督办制度。即事故结案后一年内，负责事故调查的地方政府和国务院有关部门要及时组织开展评估，对事故问题整改、防范措施落实、相关责任人处理等情况进行专项检查，结果要向社会公开，对于履职不力、整改措施不落实、责任人追究不到位的，要依法依规严肃追究有关单位和人员责任。

专题四　安全风险防控体系研究

安全风险防控体系包括安全风险分级管控和隐患排查治理体系。风险分级管控和隐患排查治理双重预防机制以安全风险辨识和分级管控为基础，以隐患排查和治理为手段，把风险控制挺在隐患前面，从源头系统识别风险、控制风险，并通过隐患排查，及时寻找出风险控制过程可能出现的缺失、漏洞及风险控制失效环节，把隐患消灭在事故发生之前。党的十八届三中全会提出，建立隐患排查治理体系和安全预防控制体系，遏制重特大安全事故。安全生产理论和实践证明，只有坚持风险预控、关口前移、强化隐患排查治理，才能有效防范重特大生产安全事故发生。

一、安全风险防控体系现状

我国的风险管理研究起步较晚，20 世纪 80 年代以后，风险管理理论与安全生产领域的系统工程理论逐步引入到我国，并在机械制造、航空航天等领域进行风险分析的应用，并起到了一定的积极效果。安全隐患辨识、评价工作还没有形成完整的体系。上世纪 90 年代开始重视危险源的辨识、评价等工作，在"八五"科技攻关中已经有体现。1995 年，原劳动部和相关高校合作完成了《易燃、易爆、有毒重大危险源的安全评价技术》的课题。1995年陈宝智教授等研究了危险源的性质，将危险源分为两类，并且系统研究了这两类危险源的关系。2000 年以后，我国逐步重视了安全隐患的辨识、评估、监控，制定相应的应急救援预案。

当前，我国安全风险防控体系建设工作正在快速推进中，各地区、各部门和各单位坚持安全第一、预防为主、综合治理的方针，突出加强隐患排查治理，在构建安全预防控制体系方面作了积极探索，积累了比较丰富的经验，也取得了良好效果。

（一）安全风险防控体制机制

安全风险防控体系建设是一项系统工程，包括安全风险管控、企业预防措施、隐患治理监督、城市运行安全保障、重点领域工程治理、职业病防治等多个方面，需要政府及其有关监管部门、社会组织、企业等各方面的共同参与、共同协作。建立和完善安全风险防控体系建设体制机制，是解决安全风险防控体系建设过程中存在的问题的关键，是建立安全风险防控长效机制的核心。

1. 安全风险防控体系工作体制

安全风险防控体系建设由国务院安委会负责统一领导，各级地方人民政府和负有安全生产监督管理职责的部门具体负责实施。国务院安委会负责领导和部署安全风险防控体系建设工作，提出建设目标、任务和工作要求。国务院安全监管部门负责指导、协调全国范围内安全风险防控体系建设工作；地方各级人民政府负责本行政区域内的安全风险防控体系建设工作；地方安全生产综合监督管理部门接受地方政府委托，负责指导、协调本行政区域内安全风险防控体系建设工作；其他负有安全生产监督管理职责的部门按照"谁主管、谁负责，谁审批、谁负责，谁许可、谁负责"和"管行业必须管安全、管业务必须管安全、管生产经营必须管安全"的原则，在各自相关的行业、领域中具体落实安全风险防控任务。

2. 安全风险防控体系工作机制

目前我国已经初步建立起"企业负责、职工参与、政府监管、中介支持和社会监督"的安全风险防控体系建设工作机制。

"企业负责"是安全风险防控工作的直接实施者，也是安全风险防控体系建设的主体。企业在安全风险防控体系建设中的职责主要有：制定风险评估制度，定期开展全过程、全方位的危害辨识、风险评估，严格落实管控措施；针对高风险工艺、高风险设备、高风险场所、高风险岗位和高风险物品这"五高"，建立分级管控制度，制定落实安全操作规程，防止风险演变引发事故。建立健全生产安全事故隐患排查治理制度，采取技术、管理措施，及时发现并消除事故隐患。实行自查自改自报闭环管理，事故隐患排查治理情况应当如实记录，并向从业人员通报。严格执行安全生产和职业健康"三同时"制度，建设项目的安全生产与职业病防护设施所需费用应当纳入建设项目工程预算，并与主体工程同时设计、同时施工、同时投入生产和使用。完善企业安全生产标准化建设机制。建立并保持安全生产管理体系，全面管控生产经营活动各环节的安全生产与职业卫生工作，实现安全健康管理系统化、岗位操作行为规范化、设备设施本质安全化、作业环境器具定置化，并持续改进。开展经常性的应急演练和人员避险自救培训，提高指挥人员现场指挥决策和协调能力，全面提升企业员工的应急知识和应急救援疏散的技能。

"职工参与"指企业要充分依靠和发动职工参与安全风险防控工作。企业要定期组织全体员工开展全过程、全方位的危害辨识、风险评估；要对职工进行隐患排查治理培训，发挥他们对隐患排查治理工作的知情权、参与权和监督权，组织职工全面细致地查找各种风险隐患，积极主动地参加隐患治理。

"政府监管"指政府要建立"政府领导、安办协调、部门负责"的协调联动工作机制。各级安委会和有关部门要切实加强各行业、领域安全风险防控体系建设工作的组织领导，做到"行业监管不交叉，企业监管无盲区"，保障经费和落实人员，健全考核机制，把体系建设工作列为政府及部门行政效能考核的重要内容，纳入安全生产年度目标考核，定期通报工作进展情况。

"中介支持"指在安全风险防控体系中，安全生产中介机构充分发挥专业技术力量，参与到企业安全风险防控工作中，并协助政府安全监管部门实施执法检查工作。另外，除直接参与企业和政府的危害辨识、风险评估及事故隐患排查治理工作外，中介机构在标准编写、信息化系统开发、企业隐患排查治理工作绩效考核等方面发挥专业技术支撑作用。

"社会监督"指在安全风险防控体系中，社会公众和媒体可依法监督企业安全风险防控情况，以及政府及其有关部门安全风险防控监督检查情况，并依法进行举报。

（二）安全风险防控政策体系

做好安全风险防控工作的首要前提就是要有一套科学、成熟的政策体系，可以有针对性地解决我国安全风险防控工作遇到的各类突出问题，确定和落实工作责任。当前，我国在相关安全生产政策、法律法规、规章和规范性文件中，均对安全风险防控工作提出了要求。

1. 相关法律法规、规章

目前，我国与安全风险防控方面政策比较密切相关的法律有《中华人民共和国安全生产法》《中华人民共和国消防法》《中华人民共和国特种设备安全法》等法律，从立法目的和管理需要对适用范围内的安全风险防控工作做出规定和要求。在安全生产行政法规方面，国务院公布的《危险化学品安全管理条例》《煤矿安全监察条例》《使用有毒物品作业场所劳动保护条例》等行政法规，根据相应行业、领域安全管理工作的需要对安全风险防控方面提出了具体要求。

全国31个省（区、市）均制定了本省（区、市）的安全生产条例，条例中均对安全风险防控工作作出了相关规定，明确生产经营单位应当制定安全预防控制和事故隐患排查治理制度，生产经营单位应当安排专项资金保证事故隐患的辨识、评价、评估、整改、监控与治理。生产经营单位定期排查隐患，发现隐患立即整治，重大隐患按期治理并上报接受检查。

安全风险防控方面的部门规章主要有《安全生产事故隐患排查治理暂行规定》（安全监管总局第16号令）、《重大事故隐患管理规定》（劳部发〔1995〕322号）、《电力事故隐患监督管理暂行规定》（电监安全〔2013〕5号）、《房屋市政工程生产安全重大隐患排查治理挂牌督办暂行办法》（建质〔2011〕158号）、《煤矿隐患排查和整顿关闭实施办法》（安监总煤矿字〔2005〕134号）。此外，有关部门针对具体安全风险防控工作下发了相关文件，比如《关于保护生产安全事故和事故隐患举报人意见》（安监总政法〔2013〕69号）、《关于进一步开展建筑事故隐患排查治理工作的实施意见》（建质〔2008〕47号）、《危险化学品重大危险源监督管理暂行规定》（安全监管总局令第40号）、《企业安全生产风险公告六条规定》（安全监管总局令第70号）等，这些安全风险防控规章、文件中，明确了安全生产风险、重大危险源、事故隐患的概念及分类和分级，规定了生产经营单位及主要负责人的责任，从业人员的责任，政府及其部门监管责任和奖励与处罚措施。

2. 相关规范性文件

近年来，针对安全风险防控工作，党中央、国务院下发了多份重要文件，2007年5月，国务院办公厅下发《关于在重点行业和领域开展事故隐患排查治理专项行动的通知》（国办发明电〔2007〕16号），要求在重点行业和领域开展事故隐患排查治理专项行动。9月，国务院办公厅又下发《关于开展重大基础设施事故隐患排查工作的通知》（国办发〔2007〕58号），在全国统一组织开展重大基础设施事故隐患排查工作，重点对公路交通设施、铁路交通设施、水运交通设施、民航交通设施、大型水利设施、大型煤矿、重要电力设施、石油天然气设施、城市基础设施等9个方面开展隐患排查工作。

2008年2月，国务院办公厅下发了《关于进一步开展事故隐患排查治理工作的通知》（国办发明电〔2008〕15号），在全国各地区、各行业（领域）的全部生产经营单位全面开展隐患排查治理工作，进一步深化重点行业领域安全专项整治，建立健全隐患排查治理及重大危险源监控的长效机制。

2009年，在全国开展安全生产"三项行动"（安全生产执法行动、治理行动、宣传教育行动），其中"治理行动"就是指深化事故隐患专项治理，狠抓隐患排查治理，切实加强和解决安全生产薄弱环节和突出问题。

2010-2012年，深入开展"安全生产年"活动明确要求继续深化专项整治，狠抓隐患排查治理。明确提出全面推进隐患排查治理体系建设，牢固树立"隐患就是事故"的预防理念，全面推进与规范生产经营建设相结合、与强化科学管理相协调的隐患排查治理体系建设。

2012年1月，国务院安委会办公室下发了事故隐患排查治理体系建设的专门文件，《关于建立事故隐患排查治理体系的通知》（安委办〔2012〕1号）提出了事故隐患排查治理体系建设的具体工作计划和要求，争取用2-3年时间，在全国各地基本建立起先进适用的事故隐患排查治理体系，逐步从根本上掌握事故防范和安全生产工作的主动权。

2013年11月，《中共中央关于全面深化改革若干重大问题的决定》明确要求深化安全生产管理体制改革，建立隐患排查治理体系和安全预防控制体系，遏制重特大安全事故发生。

2016年4月，国务院安委会办公室印发《标本兼治遏制重特大事故工作指南》（安委办〔2016〕3号），推进构建安全风险分级管控和隐患排查治理双重预防机制。

二、安全风险防控体系存在的主要问题

近年来，我国安全风险防控体系不断完善，但科学性、规范性、严密性、严肃性不够，全社会安全风险意识总体不强，风险辨识和风险评估不到位，重大风险、重大危险源底数不清、情况不明；安全风险防控责任不明确、管控机制不健全、工作措施不到位；企业隐患排查治理制度不落实，隐患整改不到位、不彻底，有的对事故隐患视而不见；城市建设运行安全问题突出，整体防范能力弱。

（一）安全风险管控能力不足

1. 安全风险评估与论证机制不健全

顶层设计存在监管盲区、不完善，就会造成严重问题。从源头上防范安全风险必须坚持规划先行，把企业选址、基础设施布局建立在科学论证的基础上，严格贯彻安全第一的方针。一些重特大生产安全事故暴露出，项目建设初期把关不严、风险管控不力等问题，会为后续生产经营等埋下重大安全隐患。如青岛"11·22"事故暴露出规划设计不合理，油气管道与周边的建筑物距离太近，特别是输油管道与暗渠交叉工程设计不合理，存在重大隐患。此外，随着城市规模扩大，一些新的安全风险没有纳入视野予以管控。

2. 高危产业低水平重复建设隐患多

我国长期以来主要是靠要素的投入和积累保持经济高增长，造成能源等基础产业持续紧张，企业违法违规生产时有发生。其次长期的低水平重复建设，使得高危产业、劳动密集型产业比重过大，且安全基础薄弱。据统计，全国小煤矿、小矿山、小化工当中，安全保障能力较差的分别约占60%、90%和82%。目前，矿山灾害重、隐患多，在全国近10万个矿山中，小矿山占90%以上，机械化自动化程度低，安全管理不规范，事故频发；化工围城、城围化工现象突出，人口密集的中心城区亟须搬迁的危化品企业近1500家，油气长输管道和城市燃气隐患多、风险大；公路安全防护设施建设滞后，大客车、旅游包车、危化品运输车导致的重特大事故占总数的40%左右。

3. 重大危险源及事故隐患底数不清

我国一些高危行业领域经过多年粗放式增长、低水平发展，由于管理体制、监控手段等原因，相当一部分重大危险源游离于政府有效监控以外，既摸不清底数，又没有做到全过程、全链条的监管。天津港"8·12"事故中，瑞海公司严重超负荷经营、超量存储硝酸铵等多种危险化学品，事发时硝酸钾存储量超设计最大存储量 53.7 倍，硫化钠存储量超设计最大存储量 19.4 倍，氰化钠存储量超设计最大储存量 42.5 倍。

4. 重大安全风险联防联控机制不完善

安全生产涉及行业众多，各行业各部门在安全生产防控力量建设方面目前没有统筹考虑，安全风险防控力量分散在各个部门，队伍建设的专业化、职业化程度不够，没有建立完善跨行业、跨部门、跨地区的重大安全风险联防联控机制，没有建立联席会议制度、制定应急联动预案、建立区域通信联络和应急响应机制、定期开展安全互查和应急调度、联合应急处置演练等方式，一旦发生重大安全风险，无法短时间内形成合力，影响了安全风险防控效能，甚至在一些事故处理中出现了应急队伍的重大伤亡损失。

（二）企业安全预防措施不落实

1. 风险评估和分级管控不系统不到位

风险评估和分级管控是国内外企业安全管理的先进经验和成功做法。目前，一些企业忽视风险辨识和防控、忽视苗头性问题的及时处理，导致重特大生产安全事故发生，给人民群众生命财产安全造成了严重损失。如山西省华晋焦煤公司王家岭矿"3·28"透水事故，就是由于周围存在诸多小煤窑，老空区积水情况未探明，掘进作业导致老空区积水透出，造成巷道被淹和人员伤亡。

2. 隐患排查治理制度不完善

重特大生产安全事故的发生，不论是自然灾害还是责任事故，隐患排查治理不彻底是其中重要原因之一。当前，绝大多数的小微企业难以满足事故隐患排查治理体系的相关要求，尚不具备充足的能力完成隐患排查治理体系建设任务。企业在隐患自查自改工作中，基本能满足政府要求，但对于自报工作，存在着较大的抵触情绪，在调动广大职工参与隐患排查治理的积极性和创造性、发挥职工在隐患排查治理中的主力军作用做得不够。

3. 安全生产标准化建设不平衡

部分企业在具体实践中，没有做到落实安全生产主体责任，全员全过程参与，建立并保持安全生产管理体系，全面管控生产经营活动各环节的安全生产与职业卫生工作，实现安全健康管理系统化、岗位操作行为规范化、设备设施本质安全化、作业环境器具定置化，并持续改进。

4. 应急演练和人员避险自救培训不够

部分企业未按照《安全生产法》《突发事件应对法》等有关规定，组织开展经常性的应急演练和人员避险自救培训，着力提升现场应急处置能力，关键时候，应急预案成为摆设，没有真正发挥作用。近年来，一些企业发生了多起一人涉险、多人遇难的惨痛事故，与企业和相关人员不会处置或处置不当有很大关系。

（三）隐患治理监督机制不完善

1. 政策法规标准体系不完善

截至目前，我国没有一个比较系统化的、综合的指导生产经营单位开展事故隐患排查治理工作的技术规范或标准，也没有较为完善的事故隐患排查标准体系，关于隐患排查治理的资金使用及管理方面尚无专门的政策法规。

2. 监管政策的制定和实施不足

一是政府监管部门对主体责任权限不清，隐患排查范围过宽，隐患排查治理工作成效不显著。政府监管部门隐患检查频次过多，虽然取得了一定成效，但企业疲于应付，使部分企业产生了应付思想，检查效果不很理想，检查质量难以提高。事故隐患治理落实不够，重排查轻治理现象比较突出。二是在隐患排查治理中存在不深入、不扎实甚至搞形式、走过场问题，提出问题和隐患多，但着力督促帮助企业整改和落实少。三是对于隐患排查治理监管工作中存在"以罚代管"现象，使安全管理工作不能深入实际真正发挥管理的作用，工作中存在的问题也不能得到解决。

3. 信息化平台标准及功能亟需完善

一是系统建设标准与数据规范标准尚待统一。系统建设涉及多行业系统的开发，各种业务需求面广、开发内容多，缺乏统一的安全生产信息化建设与发展规划，信息化建设目标不明确，技术标准、规范的不统一，软件相互不兼容。二是对信息化技术发展认识不足及应用投入不足。信息化基础设施、装备较落后，信息规模及涵盖范围较小，缺乏高水平的安全生产和信息化管理复合型人才，软硬件研发和服务保障系统相对滞后，研发力量薄弱。三是管理模式与信息技术有待进一步融合。综合安全生产信息化建设情况分析，安监系统业务部门对本行业的安全监管工作积累了丰富的经验。但由于对信息技术的理解和掌握程度不同，受传统管理模式的影响，在如何利用信息化手段创新监管模式上，有待进一步提高认识、加强融合。

4. 隐患排查治理监督执法不严格不到位

一些部门隐患排查治理监督执法不严格不到位，没有严格执行重大隐患挂牌督办制度，导致重大隐患整改不到位，极易引发重特大生产安全事故，严重威胁人民群众生命财产安全。如吉林省延边州庆兴煤矿"4·20"重大瓦斯爆炸事故中，事故煤矿无视 3 月 30 日省政府视频会议关于所有煤矿一律停产排查整改事故隐患的指令和要求，不但不组织隐患排查整改，而且还在停产整改期间严重违法违规组织生产，最终导致事故发生。

（四）城市运行安全风险交织叠加

1. 系统性、现代化的城市安全保障体系尚未建立

随着经济社会发展，我国城市化进程明显加快，人口、功能和规模急剧扩张和复杂化，城市运行和管理更趋开放和自由，但尚未构建系统性、现代化的城市安全保障体系，城市公共安全风险管控能力较弱。近年来，上海、天津、青岛、深圳等地发生的重特大安全事故事件严重危害公共安全，给人民群众生命财产造成严重伤害和巨大损失，直接冲击人民群众安全感。

2. 安全发展示范城市建设推进缓慢

《国务院关于坚持科学发展安全发展促进安全生产形势持续稳定好转的意见》（国发〔2011〕40 号）提出安全发展示范城市的概念，要求创建若干安全发展示范城市。《国务院安委会办公室关于开展安全发展示范城市创建工作的指导意见》（安委办〔2013〕4 号）明确了安全发展示范城市内涵，提出了总体要求和发展目标。近年来，北京市朝阳区、顺义区，吉林省长春市，黑龙江省大庆市，浙江省杭州市，福建省厦门市、泉州市，山东省东营市，广东省广州市、珠海市，辽宁省大连市，河北省张家口市和湖北省襄阳市等

13 个城市（区）作为创建全国发展示范城市试点单位，积极开展创建工作，起到了引领和借鉴作用。但试点之后，工作推进缓慢，未见明显效果。

3. 城市基础设施安全配置标准偏低

当前，城市建设、危旧建筑、玻璃幕墙、渣土堆场、燃气管线、地下管廊等重点隐患，容易引发群死群伤的重点设施、重点部位、重点场所等，安全防范措施不够完备，把控能力较弱。交通、管网、消防、排水排涝等基础设施建设质量、安全标准和管理水平需要提高，高层建筑、大型综合体、隧道桥梁、管线管廊、轨道交通、燃气、电力设施及电梯、游乐设施等城市基础建设的检测维护不够。

4. 大型群众性活动安全管理不严格

当前城市大型群众性活动越来越多，规模越来越大，活动审批报备不严格、组织管理不规范、不到位，应急处置不当，都极易发生重特大生产安全事故。2004 年 2 月 5 日，北京密云密虹公园举办的迎春灯展发生特别重大踩踏事故，造成 37 人死亡。2014 年 12 月 31 日，上海外滩陈毅广场发生拥挤踩踏事故，造成 36 人死亡。

5. 部门协调联动不顺畅

近年来，由自然灾害引发安全事故事件较多，对人民生命财产安全造成重大损失。2007 年 8 月 17 日，山东省新泰市连续两天集中强降雨，华源矿业公司因柴汶河决口引发溃水淹井，导致 172 人遇难。2015 年 6 月 1 日，重庆东方轮船公司所属"东方之星"号客轮在湖北省荆州市监利县长江大马洲水道遭到强对流天气带来的强风暴雨袭击而翻沉，造成 442 人死亡。这些事故事件反映了公安、民政、国土资源、住房城乡建设、交通运输、水利、农业、安全监管、气象、地震等相关部门协调联动不顺畅，没有充分发挥各自在安全宣传、安全巡查、信息联络、应急处置等方面的作用，防止地震、暴雨、泥石流、冰冻等气候原因或自然灾害引发生产安全事故。

（五）重点领域工程治理亟需推进

1. 矿山灾害治理

煤矿安全是我国安全生产的重中之重。我国煤矿灾害比较严重，高瓦斯、煤与瓦斯突出、冲击地压、水文地质条件类型复杂矿井占到全国 9 千多处煤矿的 1/3 以上，并且随着开采深度的逐渐增加，这些灾害也越来越重。近年来我国煤矿安全形势持续稳定好转，但形势依然严峻复杂。一些地区和煤矿企业对灾害防治工作重视不够，煤矿致灾因素普查不清，防灾制度措施不落实，防灾装备运行不可靠等，导致事故频发。特别是煤矿瓦斯、水害等事故极易造成群死群伤，社会影响恶劣。

2. 矿山采空区治理

截至 2015 年底，全国金属非金属矿山仍有 8 万多处，共有采空区 12.79 亿立方米。据 2001 年至 2015 年重特大生产安全事故统计，金属非金属地下矿山采空区引起的冒顶片帮、透水事故起数和死亡人数分别占地下矿山重特大生产安全事故总量的 42.3% 和 45.9%。部分地方政府和矿山企业对采空区风险重视不够，没有全面排查可能造成重大人员伤亡的高风险采空区，没有采取有效措施及时消除采空区安全隐患，存在重大安全风险。

3. 尾矿库的工程治理

截至 2015 年底，全国有"头顶库"1425 座，其中病库 131 座。据不完全统计，自新中国成立以来，"头顶库"发生溃坝事故 21 起，占尾矿库溃坝事故总数的 55% 左右，其中重特大生产安全事故 13 起、死亡 707 人，全部发生在"头顶库"。特别是 2008 年山西襄汾新塔矿业公司"9·8"特别重大尾矿库溃坝事故，造成 281 人死亡，直接经济损失达 9619.2 万元。部分地方政府和矿山企业没有全面核实"头顶库"情况，没有采取有效措施及时消除安全隐患，存在重大安全风险。

4. 危险化学品和化工企业生产、仓储场所安全搬迁

目前，我国有各类危险化学品近 3 万种，涉及企业 30 余万家，由于历史原因，相当一部分企业与居民区安全距离不足，化工围城、城围化工的问题突出。如江苏南京是国内一座典型的石化工业重镇，在南京梅山、长江二桥至三桥沿岸地区、金陵石化及周边、大厂地区，密集分布着百余家化工、钢铁企业，这四大片区主要位于南京西南、正北、东北方向，几乎对南京城形成了"包围圈"。山东青岛"11·22"、天津港"8·12"等事故反映出危险化学品企业与居民区安全距离不足，会造成周边群众大量伤亡。部分危险化学品重点地区政府未制定和实施化工行业发展规划，科学确定本地区化工行业发展规模和定位，对广大人民群众生命财产安全造成严重威胁。

5. 油气开采、输送、炼化、码头接卸等领域安全整治

油气开采、输送、炼化、码头接卸过程充满风险，一旦发生事故，极易造成重大人员伤亡和经济损失，严重污染环境，社会影响恶劣。其次油气管道与城市管网交叉重叠，如果规划设计不合理、隐患排查治理不及时、安全生产监管不到位，极易形成重大安全隐患，严重威胁人民群众生命财产安全。如重庆开县"12·23"、山东青岛"11·22"、辽宁大连"7·16"等特别重大生产安全事故。

6. 交通运输领域安全整治

目前，我国道路交通事故死亡人数占各类事故总死亡人数的80%以上。道路交通在数量快速增长和规模不断扩大的同时，质量和功能、服务和管理等方面还不能完全适应安全发展的要求，特别是部分早期建成的农村公路临水临崖、坡陡弯急，缺乏必要的安全设施，存在较高安全风险。此外，我国高速铁路里程不断增加，多个跨海大桥、海底隧道等重大交通基础工程开工建设和投入使用，给安全生产工作带来新挑战，如"7·23"甬温线特别重大铁路交通事故，造成40人死亡，172人受伤。

三、健全安全风险防控体系的措施建议

（一）加强安全风险管控

1. 建立完善安全风险评估与论证机制

建立安全风险评估与论证机制，要对企业选址和基础设施建设、居民生活区空间布局，组织专家进行风险评估与论证，严把审批关。同时要有超前意识，强化基础研究，加大对新材料、新工艺、新业态安全风险评估和管控。

2. 实行重大安全风险"一票否决"

加强源头管控是控制风险、预防事故的重要手段。习近平总书记强调，坚持安全生产高标准、严要求，招商引资、上项目要严把安全生产关，加大安全生产指标考核权重，实行安全生产和重大安全生产事故风险"一票否决"。为此，建议明确要求高危项目必须进行安全风险评审，方可审批，城乡规划

布局、设计、建设、管理等各项工作必须严把安全关,坚决做到不安全的规划不批、不安全的项目不建、不安全的企业不生产。要研究制定出台具体实施办法,建立起严格的安全生产制约机制。

3.结合供给侧结构性改革,推动高危产业转型升级

2015年中央经济会议强调着力加强供给侧结构性改革,《中华人民共和国国民经济和社会发展第十三个五年规划纲要》(简称《"十三五"规划纲要》)提出加快钢铁、煤炭等行业过剩产能退出,这都给安全生产工作带来重大历史机遇。建议紧密结合供给侧结构性改革,充分发挥市场机制作用和政府引导作用,按照《"十三五"规划纲要》《国务院关于煤炭行业化解过剩产能实现脱困发展的意见》(国发〔2016〕7号)、《国务院关于钢铁行业化解过剩产能实现脱困发展的意见》(国发〔2016〕6号)等文件提出的要求和设定的任务目标,提出推动高危产业转型升级,将为安全生产工作创造有利条件。

4.建立完善重大安全风险联防联控机制

行业相近、业态相似的地区和行业在安全风险管控方面有着共同需求,通过统筹位置相邻分散的安全生产防控力量,形成合力,共同来防控重大安全风险。建议安全生产借鉴公共卫生、环境污染风险联合管控机制的经验,总结近几年应急管理部、生态环境部、国家测绘地理信息局、原总参谋部等单位、部门应急联动工作成功做法,明确了位置相邻、行业相近、业态相似的地区和行业要建立完善跨行业、跨部门、跨地区的重大安全风险联防联控机制;相关地区和行业要打破区域和行业分割,通过建立联席会议制度、制定应急联动预案、建立区域通信联络和应急响应机制、定期开展安全互查和应急调度、联合应急处置演练等方式,推动实现地区、行业间的资源共享。

5.构建重大危险源信息管理体系

建议实施属地、分级管控,采用互联网+、大数据等高新技术,建立基于地理信息系统全国联网的国家、省、市、县四级重大危险源监控网络,健全监测监控、预报预警和快速反应系统,对重点行业、重点区域、重点企业实行风险预警控制,提高风险预控与处置能力,有效防范重特大生产安全事故。

（二）强化企业预防措施

1. 加强风险评估和分级管控

企业要建立风险评估制度，定期组织全体员工开展全过程、全方位的危害辨识、风险评估，严格落实管控措施；针对高风险工艺、高风险设备、高风险场所、高风险岗位和高风险物品这"五高"，建立分级管控制度，制定落实安全操作规程，防止风险演变引发事故。

2. 建立企业隐患排查治理相关制度

习近平总书记指出，重特大突发事件，不论是自然灾害还是责任事故，隐患排查治理不彻底是其中重要原因之一。《安全生产法》规定，生产经营单位应当建立健全生产安全事故隐患排查治理制度，采取技术、管理措施，及时发现并消除事故隐患；有关部门在监督检查中发现的重大事故隐患，排除后经审查同意，企业方可恢复生产经营和使用。为了加强隐患排查治理监督管理，落实职工对企业安全生产知情权、监督权，根据《安全生产法》相关规定，企业要建立健全隐患排查治理制度，实行自查自改自报闭环管理。对重大隐患排查治理的有关情况，企业既要在内部向职工代表大会和全体员工通报，又要按照属地管理原则，向上级主管部门和安全生产监督管理部门报告，目的是在相关部门和企业职工的双重监督下，确保重大隐患治理到位。

3. 提升企业安全防控能力

一是完善企业安全生产标准化建设机制。从20世纪80年代我国煤矿企业开展的"质量标准化、安全创水平"活动开始，企业逐渐意识到建立和推行安全生产标准化对于提高企业安全管理水平具有重要意义。新修订的《安全生产法》对推进安全生产标准化建设也提出明确要求。推进安全生产标准化工作，是加强安全生产工作的一项带有基础性、长期性、根本性的工作，是落实企业主体责任、建立安全生产长效机制的有效途径。企业在具体实践中，要通过落实安全生产主体责任，全员全过程参与，建立并保持安全生产管理体系，全面管控生产经营活动各环节的安全生产与职业卫生工作，实现安全健康管理系统化、岗位操作行为规范化、设备设施本质安全化、作业环境器具定置化，并持续改进。二是开展经常性的应急演练和人员避险自救培训。根据《安全生产法》《突发事件应对法》等有关规定，企业应开展经常性的应急演练和人员避险自救培训，着力提升现场应急处置能力。通过开展经常性的应急演练和人员避险自救培训，既可以提高指挥人员现场指挥决策和协调能力，又可以全面提升企业员工的应急知识和应急救援疏散的技能。通过演练可以发现应急方案的有效性及人员组织管理工作等方面的不足，以便不断完善，使应急预案能够在事故发生时真正发挥作用，对于提高企业现场应急处置能力具有重要的促进作用。

（三）建立隐患治理监督机制

1. 制定生产安全事故隐患分级和排查治理标准

制定统一的、覆盖各个行业领域的事故隐患分级和排查治理标准是建设隐患排查治理体系的重要基础性工作。一些地区先行先试，取得了有效经验，如湖北省组织专家编制了108个行业的隐患排查治理标准，通过在全省开展安全隐患大排查，2015年排查治理隐患达285万余条，是过去7年的总和，全省生产安全事故总量、死亡人数和较大事故数量三项指标创历年新低。建议借鉴湖北等地经验做法，进一步规范生产安全事故隐患排查治理工作，制定相关办法和标准，对各类事故隐患进行具体分级和分类，总结归纳相对应的排查治理对策，督促企业制定隐患排查清单，明确排查事项、重点部位、检查频次，实现企业对标排查，部门对标执法。

2. 建立监管部门与企业互联互通的信息平台

加强企业隐患排查治理监督检查是各级政府及相关监管执法部门的重要职责。为及时掌握企业隐患排查治理情况，抓好隐患治理监督检查，必须积极建立安全监管信息化平台，实现线上监控和线下监管相结合。近年来，北京、湖北、宁夏等地区积极探索，坚持以企业分级分类管理为基础，以隐患排查治理标准为依据，以网络信息系统为平台，建立线上线下相结合的隐患排查治理体系，在实践中取得了明显成效。建议借鉴湖北等地区开发隐患排查治理信息系统、实时监管企业隐患排查治理情况的有效做法，建立政府部门与企业隐患排查治理系统联网的一体化在线服务信息平台，完善线上线下配套监管制度，实现企业自查自改自报与部门实时监控的有机统一，以信息化推进隐患排查治理能力现代化。

3. 强化隐患排查治理监督执法

一是加大处罚力度。根据《安全生产法》《行政强制法》等相关法律法规要求，对重大隐患整改不到位的企业依法采取停产停业、停止施工、停止供电和查封扣押等强制措施，按规定给予上限经济处罚，对构成犯罪的要移交司法机关依法追究刑事责任。二是严格重大隐患挂牌督办制度。对整改和督办不力的纳入政府核查问责范围，通过约谈告诫、公开曝光等手段，督促政府部门做好重大隐患治理工作，情节严重的要依法依规追究相关人员责任。强力推动企业落实隐患排查治理主体责任，切实解决有法不遵、执法不严的问题，做到真查真改。

（四）强化城市运行安全保障

1. 构建系统性、现代化的城市安全保障体系

习近平总书记指出，"把安全工作落实到城市工作和城市发展各个环节各个领域"，"要加强城乡安全辨识，全面开展城市风险点、危险源普查，防止认不清、想不到、管不到等问题的发生"。构建系统性、现代化的城市安全保障体系，要尊重城市发展规律，构建系统性、现代化的城市安全保障体系；要坚持标本兼治，坚持关口前移，加强源头治理、日常防范，提高精细化水平；要充分借助互联网、大数据等信息技术，定期排查区域内安全风险点、危险源，对各类风险点、危险源进行实时、动态监控。

2. 推进安全发展示范城市建设

在总结北京市朝阳区等 13 个城市（区）试点创建的基础上，推进安全发展示范城市建设工作，进一步完善和优化创建工作实施方案，抓好组织实施，大力提升城市安全发展水平。

3. 提高基础设施安全配置标准和检测维护

针对城市建设、危旧建筑、玻璃幕墙、渣土堆场、燃气管线、地下管廊等重点隐患，坚决做好安全防范。对此，一是提高基础设施安全配置标准，提升城市建筑、交通、管网、消防、排水排涝等基础设施建设质量、安全标准和管理水平。二是加强城市基础建设的检测维护，重点是高层建筑、大型综合体、隧道桥梁、管线管廊、轨道交通、燃气、电力设施及电梯、游乐设施等。

4. 完善大型群众性活动安全管理制度

有关部门应不断完善《大型群众性活动安全管理条例》等法规制度规定，合理界定大型活动范围，明确各方安全管理责任，严把审批关，推动大型活

动安全保护工作市场化运作,加强体育比赛、演唱会、音乐会、展览展销、游园、人才招聘会等大型活动,祈福、烧香祭祀、民间杂耍等群众自发性娱乐活动以及服务场所举办的日常演出、庆祝等活动的安全监管。

5. 加强部门协调联动,防止自然灾害引发事故灾难

近年来,部分地区把安全生产纳入社会综合治理体系,实行城乡一体、全域覆盖、社会共治的安全管理模式,取得了明显成效。公安、民政、国土资源、住房城乡建设、交通运输、水利、农业、安全监管、气象、地震等相关部门要加强协调联动,充分发挥各自在安全宣传、安全巡查、信息联络、应急处置等方面的作用,防止地震、暴雨、泥石流、冰冻等气候原因或自然灾害引发生产安全事故。

（五）加强重点领域工程治理

1. 深化矿山灾害工程治理

一是深化煤矿瓦斯、水害等工程治理。着力加强煤矿瓦斯、水害等重大事故隐患治理,大力提升煤矿安全保障能力。二是加强矿山采空区工程治理。要全面排查可能造成重大人员伤亡的高风险采空区,推动地方政府和矿山企业,采取充填、崩落等科学有效的方式,及时消除采空区安全隐患,或采用封闭、监测、搬迁地表建筑等方式,控制采空区发生冒顶、透水、坍塌等事故的风险,或采取闭坑、转型、移交地方等方式,推动地质灾害治理和区域生态恢复。三是加强尾矿库的工程治理。要全面核实"头顶库"情况,建立一库一册档案,推动地方政府和企业采取有效方式改造一批、闭库治理一批、尾矿综合利用一批、搬迁下游居民一批,切实提高"头顶库"的安全保障能力。

2. 加快危险化学品和化工企业生产、仓储场所安全搬迁

危险化学品重点地区政府要制定和实施化工行业发展规划,科学确定本地区化工行业发展规模和定位,严禁在规划区外建设危险化学品生产存储项目;要加快实施城镇人口密集区危险化学品生产、储存企业的搬迁、转产和关闭工作,全面推动石油化工企业退城入园,全力维护广大人民群众生命财产安全。

3. 深化油气开采、输送、炼化、码头接卸等安全整治

为避免类似山东青岛"11·22"等事故再次发生,必须对石油化工企业、

石油库、油气长输管道、接卸码头等领域组织开展安全整治，严厉打击油气非法开采、输送管道周边乱建乱挖乱钻及管道超期未检、接卸码头私自改扩建等问题，完善油气输送管道保护和安全运行等法规与标准规范，建立健全相关安全生产监管体系和应急救援体系，实现油气生产安全事故明显减少，全面提升安全保障水平。

4. 强化交通运输领域安全工程整治

一是实施高速公路、乡村公路和急弯陡坡、临水临崖危险路段公路安全生命防护工程建设。全面实施"公路安全生命防护工程"，规范建设农村公路道路交通安全设施，提升高速公路交通管控设施覆盖率，实现公路交通安全基础设施明显改善、安全防护水平显著提高。二是加强高速铁路、跨海大桥、海底隧道、铁路浮桥、航运枢纽、港口等防灾监测、安全检测及防护系统建设。加强重大交通设施防灾监测、安全检测及防护系统建设，利用技术和工程手段提高安全保障水平。三是完善长途客运车辆、旅游客车、危险物品运输车辆和船舶生产制造标准。提高安全性能，强制安装智能视频监控报警、防碰撞和整车整船安全运行监管等先进适用的安全技术装备，对已运行的加快安全技术装备改造升级和安全辅助驾驶技术的应用，提升运输车辆本质安全水平；加快全国统一的危险物品道路运输全链条监管信息平台建设，从源头上防止和消除事故隐患。

专题五　安全基础保障能力研究

"求木之长者，必固其根本。"安全生产工作具有长期性、复杂性、艰巨性的特点，要实现安全发展，必须强基固本。习近平总书记指出：如果安全这个基础不牢，发展的大厦就会地动山摇。此外，习近平总书记在中共中央政治局第二十三次集体学习时强调：要构建公共安全人防、物防、技防网络，实现人员素质、设施保障、技术应用的整体协调。

一、安全基础保障能力现状

（一）安全生产投入现状

1. 我国安全生产投入政策

（1）国务院关于安全生产投入的相关政策。《国务院关于进一步加强安全生产工作的决定》（国发〔2004〕2号）、《国务院关于坚持科学发展安全发展促进安全生产形势持续稳定好转的意见》（国发〔2011〕40号）都明确提出要加大安全生产投入，强化政府资金带动作用。在这些政策的指引下，国家其他相关部门也相继出台了一系列保障安全投入的经济措施，初步形成了以企业为主体、政府引导、社会资金共同参与的多元化安全投入机制。

（2）应急管理部关于安全生产投入的相关政策。国家应急管理部的主要职责是监督企业进行安全生产投入，因此应急管理部发布的各种政策主要是保障企业进行安全生产投入，监督企业安全生产投入，对没有进行安全生产投入的企业给予处罚。具体政策如下表1所示：

表1　原国家安监总局关于安全生产投入的相关政策

文件名称	文 号	发布机构	发布时间	主要内容
煤矿安全生产基本条件规定	国家安全生产监督管理局、国家煤矿安全监察局令第5号	国家安全生产监督管理局、国家煤矿安全监察局	2003-07-02	煤矿安全生产基本条件规定：煤矿的法定代表人对本单位安全生产工作全面负责，并保证安全生产投入的有效实施。
安全生产违法行为行政处罚办法	国家安全生产监督管理局、国家煤矿安全监察局令第1号	国家安全生产监督管理局、国家煤矿安全监察局	2003-07-04	生产经营单位的主要负责人有下列行为之一的，责令限期改正；逾期未改正的，责令生产经营单位停产停业整顿：（三）未保证本单位安全生产投入有效实施的。
危险化学品建设项目安全许可实施办法	安监总局令第8号	国家安全生产监督管理总局	2006-09-06	建设项目投入生产（使用）前，需提交安全生产投入资金情况报告。
国家安全监管总局关于在高危行业推进安全生产责任保险的指导意见	安监总政法〔2009〕137号	国家安全生产监督管理总局	2009-07-22	在充分测算企业安全生产投入、事故损失、风险抵押金等各项安全生产费用开支的基础上，合理确定安全生产责任保险费率和保险水平，让企业真正感到没有过多增加经济负担，并能享受投保安全生产责任保险所带来的实惠。
安全生产监管监察职责和行政执法责任追究的暂行规定	安监总局令第24号	国家安全生产监督管理总局	2009-08-17	重点监督检查下列事项：按照国家规定提取和使用安全生产费用、安全生产风险抵押金，以及其他安全生产投入的情况。
尾矿库安全监督管理规定	安监总局令第38号	国家安全生产监督管理总局	2011-05-31	生产经营单位应当保证尾矿库具备安全生产条件所必需的资金投入。
小型露天采石场安全管理与监督检查规定	安监总局令第39号	国家安全生产监督管理总局	2011-05-31	小型露天采石场主要负责人对本单位的安全生产工作负总责，应当组织制定和落实安全生产责任制，改善劳动条件和作业环境，保证安全生产投入的有效实施。

（3）财政部关于安全生产投入的相关政策。财政部作为我国财政政策发布部门，在安全生产投入方面的职能主要是利用财政资金进行安全生产投入，并利用财政资金带动企业和社会进行安全生产投入，因此，财政部发布的关于安全生产投入的政策主要是保障财政资金投入到安全生产中的同时带

动引导其他资金的投入。具体政策如表 2 所示:

表 2 财政部关于安全生产投入的相关政策

文件名称	文 号	发布机构	发布时间	主要内容
安全生产专用设备企业所得税优惠目录	财税〔2008〕118 号	财政部、国家税务总局、安全监管总局	2008-08-20	对安全生产专用设备的投入给予所得税优惠。
企业会计准则解释第 3 号	财政部财会〔2009〕8 号	财政部	2009-06-11	高危行业企业按照国家规定提取的安全生产费,应当计入相关产品的成本或当期损益,同时记入"4301 专项储备"科目。
关于印发《企业安全生产费用提取和使用管理办法》的通知	财企〔2012〕16 号	财政部、安全监管总局	2012-02-14	为了建立企业安全生产投入长效机制,制定本办法。
安全生产预防及应急专项资金管理办法	财建〔2016〕280 号	财建〔2016〕280 号	2016-05-26	设立专项资金引导加大安全生产预防和应急投入,加快排除安全隐患,解决历史遗留问题,强化安全生产基础能力建设,形成安全生产保障长效机制。

（4）其他关于安全生产投入的相关政策。除了以上几个主要相关部门出台了安全生产投入方面的政策以外,还有其他一些部门也出台了相关政策,如下表 3 所示:

表 3 其他部门关于安全生产投入的相关政策

文件名称	文 号	发布机构	发布时间	主要内容
中华人民共和国安全生产法	中华人民共和国主席令第十三号	全国人民代表大会常务委员会	2014-08-31	第十七条 生产经营单位的主要负责人对本单位安全生产工作负有下列职责:保证本单位安全生产投入的有效实施。
国防科工委关于贯彻《国务院关于进一步加强安全生产工作的决定》的若干意见	科工安〔2004〕165 号	国防科工委	2004-02-13	加大安全生产投入,改善安全技术条件。各军工集团公司、军工企事业单位,都要按《决定》要求提取安全费用,加大安全投入,进一步强化企业安全生产投入主体责任机制。要认真贯彻落实建设项目安全设施"三同时"的要求,同步考虑安全生产基础条件的投入。

2.我国安全生产投入现状分析

（1）中央财政投入。一是中央财政对应急救援建设投入。2011 年至今,中央财政投入和地方政府依托企业建设完成了 61 支约 1.24 万人的国家级安全生产应急救援队伍，水上搜救、旅游、电力、海上溢油和铁路隧道施工等行业领域也建立了救援队伍，该项资金具有重要作用，把矿山应急救援体系建立得相当坚实。另外，各级地方政府、企业也强化了省级地方骨干应急救援队伍和基层专职队伍建设。二是中央财政对尾矿库治理投入。国家发展改革委 2011 年至 2014 年，对 798 座无主尾矿库隐患综合治理项目下达中央预算内投资 15.56 亿元（2014 年待拨 9.05 亿元），用于支持地方无主尾矿库隐患综合治理工作。原国家安监总局在 2016 年—2018 年对 1000 余座头顶库进行隐患综合治理，累计申请和下达专项资金 40 多亿元。三是中央国有资本经营预算安全生产保障能力建设专项资金项目。2011 年 9 月，财政部会同国家安全监督管理总局联合发布了《中央国有资本经营预算安全生产保障能力建设专项资金管理暂行办法》，着力发挥财政资金杠杆作用，鼓励和引导企业加大安全投入力度，重在满足应急救援和安全培训演练需要，提升企业安全保障能力。安全生产保障能力建设专项资金有效发挥了财政杠杆和引导作用，支持中央企业加强矿山、油气开采、危险化学品、隧道等方面的应急救援，完善应急救援、安全管理、特种作业等方面的培训演练，带动了中央企业加大安全保障投入、提高预防和处置事故灾难能力，对减少安全生产事故起了重要作用；支持中央企业积极履行社会责任，参与当地和跨区域重特大、复杂事故及相关灾害的应急救援，共享培训演练基地、满足社会应急培训需求。对于整合社会应急救援资源、健全公共安全体系具有重要意义，取得了良好的社会效益，基本实现了预期的政策目标。

（2）地方财政投入。自 2004 年国务院在《关于进一步加强安全生产工作的决定》中提出"各级地方人民政府要重视安全生产基础设施建设资金的投入"后，设立安全生产专项资金被提上各级政府的议事日程。其中，北京、上海、重庆所辖区、县，山西、辽宁、江苏、江西等省所辖地市、县（市、区）已全部设立安全生产专项资金。作为政府财政用于安全生产的一项重要投入，安全生产专项资金主要被用于重大安全隐患治理、重大危险源监控、应急预案演练管理、安全生产奖励、举报非法违法生产行为的奖励、安全宣传教育培训以及安全监管设备装备配置等。无论从社会效益还是从经济效益上来讲，都具有较高的投入产出比，起着"四两拨千斤"的作用，因此越来越受到各级政府的重视，额度上也呈现出持续增长的态势。据原国家安监总局统计，2013 年，全国 31 个省级单位共设立安全生产专项资金 132649 万元，平均每个省级单位用于安全生产的投入达 4279 万元。其中，专项资金达 1 亿元及以上的省级单位有 6 个，分别是北京（1.1 亿元）、湖南（1.1 亿元）、广东（1.05亿元）、甘肃（1.05 亿元）、四川（1.007 亿元）和贵州（1 亿元）；专项资金为 5000 万元至 9999 万元的省级单位有 5 个，分别是河北、山东、江苏、江西和重庆；专项资金为 1000 万元至 4999 万元的省级单位数量最多，共 15个；而专项资金不足 1000 万元的省级单位仅有 5 个，分别是天津、内蒙古、河南、广西和海南。

除了省级安全生产专项资金额度不断攀升外，近年来，市级、县级设立的专项资金同样增长迅猛，一些地方的专项资金数额甚至远远超过了省级资金额度。2006 年，大连市便将安全生产专项资金额度调整为 1 亿元。此后，该市所属 14 个县（市、区）也陆续设立地区安全生产专项资金，平均额度接近 5000 万元。天津市滨海新区自 2010 年起，每年安排超过 5000 万元的安全生产专项资金，至今已累计投入至少 2 亿元支持安全生产工作。

近年以来，多数地区的安全生产专项资金继续呈增长态势，部分地区的增长额度以千万元计。如：2017 年，山东省级安全生产专项资金已达到 2.95亿元，年均增长 31%，远高于地方财政支出平均增长率；算上争取的中央资金，山东省财政用于安全生产的投入达到 4.86 亿元，比上年增长 14.3%，为加强安全生产、有效防范和遏制重特大事故发生等方面提供了坚实保障。近年来，山东各级财政始终将安全生产放在重要位置加以资金保障。山东在2007 年就已设立初始规模 2000 万元的省级安全生产专项资金，是全国设立较早的省份。在近几年财政收支矛盾凸显的情况下，省级安全生产专项资金每年"只增不减"。

在设立专项资金的同时，很多地方还出台了专门的资金管理办法，以确保资金使用的合理、高效、规范，而专项资金用途也变得更加多样化。安全生产专项资金的设立和持续增长，无疑体现出各级地方政府对安全生产工作的日益重视，而随着每一笔资金的使用到位，安全生产基础不断被夯实，安全投入不足的状况正日益改善。

（二）安全生产技术服务体系

1. 安全评价

安全评价体系自20世纪80年代初从国外引入，在我国经历了探索、起步和规范发展三个阶段。安全评价作为安全生产工作的重要组成部分，既包括建设项目安全预评价、安全验收评价，也包括现状安全评价和专项安全评价，其内容涵盖了安全设计、资金投入、设施装备安全系统、工程技术和安全管理等方方面面。

1988年，原劳动部以"劳部发48号"文件首次提出了对建设项目进行劳动安全卫生预评价的要求。

1996年—1998年，三年时间内，原劳动部先后颁发了《建设项目（工程）劳动安全卫生监察规定》（第3号令）、《建设项目（工程）劳动安全卫生预评价管理办法》（第10号令）和《建设项目（工程）劳动安全卫生预评价单位资格认可与管理规则》（第11号令）。

1999年，原国家经贸委发布了《关于建设项目（工程）劳动安全卫生预评价单位进行资格认可的通知》。

2002年—2004年，原国家安全生产监督管理局（国家煤矿安全监察局）先后颁发《关于加强安全评价机构管理的意见》和《安全评价机构管理规定》（国家局令第13号）。2002年以后，《安全生产法》《危险化学品安全管理条例》和《安全生产许可证条例》等法律法规，进一步明确规定安全评价机构必须具备国家规定的资质条件，加强了安全评价机构监督管理；并严格规定强制实施安全评价的行业和领域、安全评价机构的法律责任，依法进行安全评价成为企业获得安全生产许可证的必备条件之一。

安全评价技术规范体系也在逐步形成。自2003年，原国家安全生产监督管理总局先后制定了《安全评价通则》《安全预评价导则》《安全验收评价导则》《安全现状评价导则》以及煤矿、非煤矿山、危险化学品、民用爆破器材、烟花爆竹、陆上石油和天然气开采行业等一系列专项安全评价技术规范。随着近几年安全评价工作的开展和研究的深入，原国家安全监管总局又对安全评价工作的指导性文件进行了修订，发布了《安全评价通则》（AQ8001-2007）和《安全验收评价导则》（AQ8003-2007），为安全评价工作提供了有力保障。

　　安全评价机构资质许可实行分级管理，已经颁布实施了《安全评价通则》《安全预评价导则》《安全验收评价导则》等安全生产标准，规范安全评价过程管理。安全评价工作在发展中逐步规范、在规范中得到发展。截至 2016 年，由安全监管监察系统实施资质许可管理的安全评价机构共 1822 家。其中，由原国家安全监管总局规划科技司归口管理的安全评价机构 562 家（甲级 215 家，乙级 347 家）；由原国家安全监管总局监管一司归口管理的海洋石油安全评价机构 6 家（机构不分级）；由原国家安全监管总局职业健康司归口管理的职业卫生技术服务机构 1254 家（甲级 77 家，乙级 794 家，丙级 383 家）。

　　目前，我国已在矿山、建筑施工、危险化学品、烟花爆竹、民用爆破器材生产等高风险行业，开展了安全评价工作，帮助企业查找事故隐患、制定改进措施、建立安全生产长效机制，促进了企业安全生产工作的良好发展。可以说，安全评价体系和机制已经应用到许多行业和领域。原国防科工委、水利部、交通部、铁道部等部门和部分中央直属企业都先后提出，要依托已有的安全评价工作基础，更多、更广泛地发挥安全评价机构和人员的作用；公安部也在一些地方开始进行消防安全评价的试点工作。北京市开始在城市公共安全、道路交通安全管理、城市燃气管理等方面推行安全评价工作。天津、山东、河南、大连等省市为推动安全评价工作，也相继出台了相应的地方性法规，对安全评价的进一步发展起到了积极的推动作用。

2. 安全检测检验

　　2004 年以来，安全生产监管部门首先从煤矿入手，逐步探索对涉及人身安全的产品、设备安全性能设施检测检验，并充分利用社会上科研机构、院校、国有大型企业等现有的实验室和检测检验机构，逐步形成安全生产检测检验的主体力量。具备安全生产检测检验能力的法人单位，经过主管部门认证后，均可作为社会服务机构依照法律、行政法规和执业准则，接受生产经营单位的委托，为其安全生产工作提供检测检验技术服务。技术服务机构和专业技术人员对技术服务结果负相应的法律责任，并接受上级安全主管部门的质量控制检查与监督。

　　截至 2016 年，由安全监管监察系统实施资质许可管理的检测检验机构共 274 家。其中，由原国家安全监管总局规划科技司归口管理的检测检验机构 243 家（甲级 49 家，乙级 194 家）；由原国家安全监管总局监管一司归口管理的海洋石油检测检验机构 31 家（机构不分级）。这些机构重点分布在煤矿、金属、非金属矿、危险化学品、烟花爆竹、劳动防护用品等领域，主要从事涉及生产安全的产品型式检验、矿用产品安全标志检验、在用设施设备（特种设备除外）检验、监督监察检验、作业场所安全检测和事故物证分析检验等业务。围绕资质管理，原国家安全监管总局出台了《安全生产检测检验机构管理规定》等一系列规章制度，基本形成了一套完整规范的检测检验资质管理制度。

3. 注册安全工程师和事务所

自 2002 年起，我国开始在安全生产领域实施注册安全工程师执业资格制度，之后，《国务院关于进一步加强安全生产工作的决定》（国发〔2004〕2 号）、《国务院关于进一步加强企业安全生产工作的通知》（国发〔2010〕23 号）、《国务院关于坚持科学发展安全发展促进安全生产形势持续稳定好转的意见》（国发〔2011〕40 号）、《国务院办公厅关于加强安全生产监管执法的通知》（国办发〔2015〕20 号）等重大安全生产决策部署，推行注册安全工程师执业资格制度是其中的重要内容。

经过多年发展，注册安全工程师队伍快速壮大，逐步成为安全生产领域，特别是高危行业安全专业人员队伍中的一支重要骨干力量。截至 2015 年 5 月底暂停注册登记，注册安全工程师注册管理系统显示，全国已经有 27.2 万人通过认定和考试取得注册安全工程师执业资格，执业的注册安全工程师已达 122252 名，其中各省（区、市）93942 名，中央企业 25527 名；煤矿占 10.49%，非煤矿山占 10.37%，建筑施工占 30.37%，危险物品占 22.77%；在现有近 2.8 万安全评价专业服务人员中，具有注册安全工程师资质的已达 50%，安全专业服务人员职业素养和职业能力业内和行业认可度逐步提升，促进了安全专业服务机构健康发展。

按照 2015 年 5 月 10 日出台的《国务院关于取消非行政许可审批事项的决定》（国发〔2015〕27 号），注册安全工程师执业资格认定被列入国务院决定取消的 49 项非行政许可审批事项目录。同时，该决定还将 84 项非行政许可审批事项调整为政府内部审批事项，今后不再保留"非行政许可审批"这一审批类别。这意味着，将要取消对注册安全工程师执业资格认定的行政审批，将注册安全工程师行政准入类执业资格改为安全工程师水平评价类执业资格，面向社会提供安全专业技术人员能力水平评价服务。不再对安全工程师实行注册管理，而是实行定期登记制度。

此外，国务院安委会办公室《关于进一步加强危险化学品安全生产工作的指导意见》，提出有条件的地方可依法成立注册安全工程师事务所，为中小化工企业安全生产提供咨询服务。江苏省出台了《注册安全工程师事务所管理办法》。目前，据不完全统计，北京等27个省、区、市共培育和创建注册安全工程师事务所达245家，其中江苏省各地市已创办注册安全工程师事务所63家。在安全咨询、安全培训、安全代理、安全托管、安全评估、安全审计、安全监理等业务方面，为企业提供专业化服务，也为政府监管部门提供技术支撑。

（三）安全生产科技支撑体系现状

1. 安全生产科技研发力度明显加大

"十一五"之初，国务院发布了《国家中长期科学技术发展规划纲要（2006~2020年）》，首次将"公共安全"作为重点领域及其优先主题进行规划和部署。国家科技计划加大了对包含安全生产的公共安全领域科技研究的支持力度。截至2016年底，组织实施了国家安全生产科技支撑项目36项，国拨经费12.2458亿元；国家重点基础研发计划（973）项目18项，国拨经费6.25亿元；国家高技术研究计划（863）项目3项，国拨经费2.4亿元。国家重大科技项目从"十五"到"十二五"，项目数量翻了5.5倍、国拨经费翻了6.38倍。安全生产领域国家重点实验室共8个（包括批准建设6个），国家工程技术研究中心2个，基本上都是"十一五"和"十二五"时期批准建设的。

2. 安全生产重大关键技术研究取得突破

国家科技支撑计划项目、重点基础研发计划（973）项目、高技术研究计划（863）项目针对安全生产领域重大关键技术问题，面向煤矿、金属与非金属矿山、危险化学品、烟花爆竹、职业卫生、应急救援等行业，基本上都是围绕有效防范和遏制重特大事故的科技需求凝炼而成的，特别是国家科技支撑计划项目。如"三高气田钻完井安全技术体系研究与应用"重点项目是针对2003年重庆开县"12·23"特大井喷事故提出的；"危险化学品事故监控与应急救援关键技术研究与工程示范"重点项目是针对2005年"11·13"吉化分公司双苯厂爆炸事故所暴露出的关键技术需求提出的;"烟花爆竹事故预防控制关键技术研究与示范工程"重点项目是以2008年广东三水"2·14"烟花爆竹仓库爆炸事故和"3·26"新疆吐鲁番销毁烟花爆竹特大安全事故为基础提出的;"化学品储运安全保障技术研究与示范"和"化工园区安全生产保障关键技术及装备研究与工程示范"项目是针对2010年大连石化"7·16"输油管道爆炸等事故暴露出的技术问题提出的;"煤矿突水、火灾等重大事故防治关键技术及装备研发"项目是针对2010年王家岭煤矿"3·28"透水等事故暴露出来的技术问题提出的。国家重大科技研发计划项目与安全生产监管监察需要紧密结合,需求引领和问题导向对保障安全生产提供了强有力的支持。

3. 着力于先进适用技术与装备的推广应用

2010年,国务院印发《关于进一步加强企业安全生产工作的通知》(国发〔2010〕23号),提出了建设坚实的技术保障体系,要求在煤矿和非煤矿山强制推行监测监控系统、井下人员定位系统、紧急避险系统、压风自救系统、供水施救系统和通信联络系统等技术装备(以下简称"六大系统"),在大型尾矿库安装全过程在线监控系统等。2011年,国务院印发了《关于坚持科学发展安全发展促进安全生产形势持续稳定好转的意见》(国发〔2010〕40号),提出了大力加强安全保障能力建设,充分发挥科技支撑作用,提高了企业应用安全技术装备保障安全生产的能力。经过几年努力,"六大系统"基本上在煤矿和非煤矿山得到了全面推广和应用。大型尾矿库全过程在线监控系统已在931处全部得到应用。

4. 积极引导和推进安全生产科技工作

为汇集全社会优秀科技资源、凝聚全社会一流人才、集中时间和资金,破解安全生产科学技术瓶颈,总局强化了政策导向,先后发布了《"十一五"安全生产科技发展规划》《安全生产科技"十二五"规划》《安全生产科技"十三五"规划》《关于加强安全生产科技创新工作的决定》,与科技部联合印发了《关于进一步加强安全生产科技支撑工作的通知》,与工信部联合印发了《关于促进安全产业发展的指导意见》,从安全生产科技指导思想、发展思路、总体总局、工作目标、重点任务等方面进行了系统部署。近年来,开展了"双百千"工程，在全国遴选 100 个安全生产科技创新型中小企业、100 项先进适用技术、1000 项新型实用安全产品；开展了两轮 186 个"四个一批"项目建设（攻关一批制约安全生产的重大关键技术、转化一批安全生产重大科技成果、推广一批安全生产先进科学技术、建设一批安全生产示范工程），取得研究成果 104 项、专利 406 项（已批准和授权 161 项），82 个推广项目在 4776 个企业（矿山）得到应用，29 个示范工程形成标准规范 33 个；安全生产科技"十二五"规划 12 项目标任务，总体进展顺利，执行良好。

表 4　"十二五"时期安全生产科技目标完成情况一览表

	"十二五"时期工作目标	完成情况	工作进度
基础研究	9 类	9 类	完成
创新成果	100 项	100 项	完成
示范工程	100 个	100 个	完成
支撑平台	100 个	100 个	完成
研发中心	30 个	30 个	完成
创新中心	50 个	50 个	完成
总局重点实验室	5 个	5 个	完成
中小科技型企业	100 个	100 个	完成
新技术	100 项	100 项	完成
新型实用产品	1000 个	1000 个	完成
安全产业示范园	5 个	5 个	完成
安全标准	200 个	200 个	完成

5. 有力促进安全生产形势的明显好转

科技进步与技术创新是推动发展的不竭动力。2004 年国务院印发《关于进一步加强安全生产工作的决定》中，首次明确提出了"科技兴安"战略，明确安全生产三步走的奋斗目标，要求到 2007 年全国安全生产状况实现稳定好转、2010 年实现明显好转、2020 年实现根本好转。应急管理部大力实施"科技兴安"战略，紧紧依靠科技进步和技术创新，提升安全生产监管监察能力和事故的防范控制力，取得了 3 个方面深刻影响和重大改变。深刻影响和重大改变了安全监督管理的体制、机制和法规标准的建设；科技进步与技术创新深刻影响和重大改变了企业的生产工艺和生产方式，提升了安全技术装备水平；科技进步与技术创新深刻影响和重大改变了企业的安全生产管理方式。

（四）安全生产宣传教育现状

1. 初步建立了安全生产宣传教育组织

应急管理部已成立了宣传教育办公室，与人事司合署办公，下设新闻宣传、信息管理和教育培训三个处室。其主要职责是：组织、指导和协调安全生产新闻和教育培训工作，拟定宣传教育培训工作规划、规章制度并组织实施；组织协调安全生产新闻发布、新闻报道和宣传教育活动；监督管理安全生产培训和安全资格考核，指导安全监管监察系统培训工作；负责总局政府信息公开及舆情应对工作，指导新媒体新闻宣传工作；指导推进安全文化建设。

成立了宣传教育中心。其主要职责是：负责宣传安全生产法律法规和方针政策，拟定安全生产宣传教育工作规划或方案；负责策划和组织开展"全国安全生产月""安全生产万里行"等全国性的安全生产宣传教育活动；负责联系在京新闻单位，组织接待新闻记者的采访、报道活动，承办国家局新闻发布会等有关具体事宜；组织、指导、协调安全生产影视、音像、广告、图片、画册、宣传画、书刊等宣传品的制作、发行和安全文化产业的开发；承办由中国煤炭工业协会和总局主办或参与的展览，积极承办其他方面的展览；负责联系有关安全生产宣传教育机构，为地方、行业、企业、社区的安全生产宣传教育活动提供咨询服务；开展安全文化建设方面的理论研究，联系有关企业、事业单位和中介组织。

应急管理部培训中心承担安全生产培训职能。应急管理部辖有中国安全生产报社、安科院、信息院等二级单位，均有安全生产宣传教育职能。

绝大多数省市县成立了安全生产宣教中心。山东、广东等地建立了省安委办与省委宣传部相协调的安全生产宣传机构，为安全文化、安全生产宣传工作提供了有力支撑。大多数企业内设安全生产管理机构负责安全生产宣传教育工作。

2.不断拓展安全生产宣传教育阵地

（1）较好地利用了主流媒体阵地。将主流媒体如中央电视台、《人民日报》、新华网及各地党报政府网站作为安全生产宣传教育阵地，建立起了稳定良好的合作共赢关系，为营造安全生产舆论氛围、发出安全生产最强音作出了贡献。

（2）行业媒体发挥了巨大作用。《中国安全生产报》、《中国煤炭报》、《中国安全生产》杂志及各省市县的行业媒体为安全生产宣传教育工作作出了很大贡献，发挥了巨大作用。

（3）初步占领了新媒体阵地。应急管理部政府网站、国家安全生产宣教网、各省级安全生产监管局网站都得到了长足的发展。除了政府类网站外，商业及服务类网站也都在发挥着安全生产宣传教育职能。如易安网（《劳动保护》杂志）和天地大方网站等，都以不同的形式开展安全生产宣教工作。建立了"国家安全生产宣教"官方微信、微博等网络、数字宣传载体。另外，还积极开展合作共建宣传教育阵地活动。

3.安全生产宣传教育品牌建设结出累累硕果

（1）深入开展了"安全生产月活动"和"安全生产万里行活动"。这两项活动已经成为宣传贯彻党和国家关于安全生产工作重大决策部署、普及安全知识、弘扬安全文化、营造安全氛围的全国性重大活动，为推动我国安全生产状况持续稳定好转作出了积极贡献。

（2）合作创办安全专题电视广播栏目。与主流媒体如中央电视台、中央人民广播电台、各省市电视台合作创办了很多电视广播栏目，为形成好的安全生产舆论氛围，发出安全生产最强音作出了贡献。

（3）合作开发安全文化精品力作。组织编写了《学习习近平总书记关于安全生产重要论述宣传读本》等各种读本、开发了《煤矿安全规程》动画版，组织制作并在中央台主要频道黄金时间播放了五部公益广告。组织创作了讴歌安全监管监察系统广大工作者的主题曲《生命守护神》。

（4）认真开展宣传主题活动。联合各级工会、共青团、妇联组织和教育行政部门开展了"安康杯"竞赛、"青年安全生产示范岗"、"平安校园"等行业性活动，大力宣传安全生产政策法规，推进安全知识进机关、进企业、进学校、进社区、进乡村、进家庭，社会影响力逐年扩大。积极推进校园安全文化建设，福建省教育厅要求将安全知识教育纳入校本课程，四川省每年定期在校园开展应急疏散演练，各地区还开展了安全生产和应急救援公益宣传活动，促进了社会公众安全防范意识和自救互救能力的不断提高。

4. 不断完善安全生产宣传教育制度建设

（1）初步建立了安全生产宣传教育制度。应急管理部成立了宣教办，制定了相应的职能及安全生产宣传教育制度，近年又下发了《国务院安委办关于大力推进安全生产文化建设的指导意见》《国家安全监管总局关于安全生产宣传队伍建设的意见》等文件制度。

（2）初步建立了信息公开、舆情研判和回应制度。如下发了《中共国家安全监管总局党组关于创新体制机制强化安全生产网络舆论工作的意见》《安全生产网络舆情应对预案》《国家安全监管总局办公厅关于印发 2014年安全生产信息公开工作责任分工方案通知》《国家安全监管总局办公厅关于深入推进安全生产信息公开工作的通知》等制度。

（3）初步建立了新闻发言人制度。如原国家安监总局下发了《国家安全监管总局关于印发新闻发布制度的通知》。

（4）初步建立了新闻管理制度。如原国家安监总局下发了《国家安全监管总局办公厅关于印发政务微博信息发布运行管理办法的通知》《国家安全监管总局办公厅关于印发安全生产非法违法企业信息发布管理办法的通知》《国家安全监管总局国家保密局关于印发安全生产工作国家秘密范围的规定》等制度。

5. 安全文化建设成绩斐然

目前基本建成了"理论引导、标准规范、服务支撑、监督保障、宣传推进"的工作格局。

（1）形成了指导安全文化创建工作的理论体系。在应急管理部的指导下，宣教中心、科研院所通力合作，深入研究，初步形成了以"红线理论"为核心的安全理念文化体系，从决策、管理、执行三个层面树立"以人为本、生命至上"的核心价值观，"安全是企业最大效益"的安全效益观，"安全生产是企业发展根基"的安全发展观，等等，拟编制成企业安全理念文化指导手册，发挥理念文化的核心引领作用。

（2）不断完善标准建设，形成科学评价体系。目前已制定《全国安全文化示范企业评价标准》，分行业安全文化建设标准正在制定之中。已有 26 个省级安全监管局、18 个煤矿监察局制定了省级评价标准。

（3）加强专家队伍建设，形成服务支撑体系。目前初步形成了由宣教中心、科研院校、企业管理者组成的近 80 名的安全文化专家队伍，开展理论研究和现场技术指导，免费为省、市、县开展安全文化建设提供服务。

（4）安全文化建设深入开展。安全文化产品创作繁荣发展，对强化安全意识、培育安全自觉、普及安全知识、提高全民安全素质，发挥了重要作用，为安全生产目标任务的实现提供了智力支持。实施了企业安全文化建设示范工程、安全社区建设工程、安全发展示范城市创建工程、安全教育示范基地建设工程、安全文化产品创作工程等几项重点工程，起到了示范引领的作用。

二、安全基础保障存在的问题

安全生产基础保障能力是支撑安全生产大厦的基础立柱，关乎我国安全生产形势的整体好转，近年来发生的几起重特大事故暴露出我国安全生产基础保障能力依然薄弱，难以满足新形势下安全生产工作的需要，主要存在以下几个方面的问题。

（一）安全投入不到位，制度不健全

1. 安全投入总体偏低

目前，中央和大部分地方财政均以不同形式设立了安全生产专项资金。2015 年，国家在清理整顿专项资金的情况下，专门设立了安全生产及应急救援资金，加大安全生产资金投入。但实际操作中，存在安全投入制度缺失，缺乏统一管理的现象。安全生产资金投入多为各种专项资金，没有形成长效机制。一般是安全生产发生了问题就拨款，资金断断续续，没有形成持续的资金投入。例如非金属矿山整顿关闭，2014-2015 年每座矿山给予 50 万元的补助，主要是用于人员补偿和矿山关闭后的隐患治理。但是这些资金没有长效机制，特别是煤矿整顿关闭后的问题，资金依然偏低。煤矿治理特别是中西部地区小煤矿，经过"一改三""三改六""六改九"，已投入几千万，甚至几个亿的资金，但是关闭补偿基金才 100 万，根本无法解决企业的问题，解决不了职工的生活医疗保障。而且在财政比较吃紧的地方，小煤矿较多，资金保障基本无法实现。再如，安全生产技术性投入不足，科研院所市场化比较严重，对装备的研究较多，而对保障机制的研究非常薄弱，科技投入没有资金保障。

此外，政府安全投入还存在规模和地区不平衡。例如神华、中煤等大煤矿投入比较多，小煤矿投入较少；东部煤矿投入多，西部煤矿投入较少。

2. 安全费用提取和监督机制不健全

2004 年，财政部牵头制定了《煤炭生产安全费用提取和使用管理办法》，规定煤炭生产安全费用的提取和使用由企业自行管理，以后逐步扩大到烟花爆竹、非煤矿山、危险化学品、民用爆炸物品、交通运输、建筑施工等高危行业领域；2012 年 2 月，又重新进行修订发布了《企业安全生产费用提取和使用管理办法》，扩大到冶金、机械制造、军工等行业领域，提高了提取比例，拓展了使用范围，明确了财务管理要求。但是，当前基层企业安全生产费用提取和使用监督机制不健全，导致部分企业未能足额提取安全生产费用，影响正常的安全生产投入，此外，还存在将安全生产费用挪作他用的现象。可见，安全生产费用制度在提取标准、适用范围、使用方向、配套政策等方面需要调整和完善。

3. 安全产业整体规模小

目前，我国安全产业进入快速发展期，产值达 4000 多亿元，在培育新经济增长点的同时，有力地增强了安全保障能力。除了矿山安全，包括工业安全防护、安全监控检测、应急避险装备，还有劳动防护用品、安全评估咨询等都有很大市场空间，预计我国安全产业从起步期进入成熟期后，将形成每年万亿元的市场。

在发达国家，安全产业产值占 GDP 的 8％，而我国占比不到 1%。由于缺乏系统的规划和引导，市场发育不完善，规模很小，产品低端，尚不能满足全社会对安全技术、装备和服务的新需求，不适应安全发展的新要求。同时，对于安全产业的融资方式较为单一，尚未形成有效的融资渠道和市场，应探索运用 PPP、特许经营、政府购买公共服务，以及设立安全生产产业发展政府引导基金等形式，积极引导社会投资安全生产产业。

4.安全生产专用设备企业所得税优惠目录偏窄

我国目前安全生产专用设备企业所得税优惠目录偏窄，应当适时调整和完善安全生产专用设备企业所得税优惠目录。

《中华人民共和国企业所得税法》对于企业计提的安全生产费用如何处理没有相关的具体规定，因此，企业在对安全生产费用进行所得税处理时，只能比照国家颁布的相关的企业财务、会计处理办法来进行操作。在安全生产专用设备企业所得税优惠目录中的对于安全生产专用设备的税收优惠项目偏少。例如煤矿排水所需的各种设备优惠目录里较少，而钻探设备基本没在优惠目录中。总体来说，优惠目录中各种应急设备，如逃生装备、逃生地点建设的优惠不足；各种安全系统设备、警报系统装备包括在优惠目录中的设备较少；烟花爆竹行业的安全生产企业所得税优惠范围较窄，能享受所得税优惠的设备较少；各种先进安全设备、仪器优惠的种类不多；监测仪器、监控系统以及监测队伍建设，如监测车辆等装备在优惠目录中的种类较少。

（二）社会化服务机构整体实力较弱

安全生产社会化服务机构在安全生产社会化服务体系建设的主体，其服务质量和水平直接影响着安全生产社会化服务体系建设的效果。我国安全生产社会化服务机构发展迅速，但也要客观看到，与杜邦公司、FM 全球公司、贝氏评级等历史悠久、全球知名、实力雄厚的专业型公司相比，我国安全生产社会化服务机构开展业务时间不长，缺少经验和数据的积累，专业人员专业素质和能力亟待提高，技术开发能力较弱，自主创新能力不强，发展模式简单粗放，产品竞争力不足，创新和可持续发展自觉性不强。目前普遍规模偏小，几乎没有较大较强的行业龙头企业，其专业能力和发展水平仍然滞后于安全生产社会化治理的需求，安全生产各项事业的支撑作用不足。据浙江省应急管理厅的调研分析，按照浙江省东阳市"安全托管"模式测算，每个县市的社会化服务人员需求大概为 300 人，按照浙江 90 个县市计算，浙江省需要社会化服务人员近 3 万人。从供给来看，浙江省现有的安全生产社会化服务人员来源，主要为高等院校安全工程专业的应届毕业生、高危行业的安全管理人员、企业的管理人员等，安全生产服务力量的专业技能、人员数量、服务能力明显供给不足。

1. 对企业安全生产的技术支撑能力不足

安全生产社会化服务机构给企业提供的产品和服务大多是较为雷同、技术含量低的常规性产品，追求快速盈利的企业多，能够以工匠精神对待产品和服务、对质量孜孜以求，注重技术和专业能力积累的企业少，所以产品竞争力不足，专业能力不强，无法为企业提供有针对性的深度价值服务，企业对安全生产技术服务的满意度不高，需求动力不足。与此相比，在欧盟的众多企业，哪怕是中小企业，都广泛应用了集散控制系统等工业安全与自动化系统，工业自动化、智能化程度高，降低了作业人员的劳动强度和事故风险。之所以如此，重要原因是一批世界著名的安全产品制造商汇集在欧洲，为企业的自动安全保护和智能化提供了科技支撑，生产过程的本质安全得到了保障。

特别是对中小企业来说，我国很多中小企业都集中在乡镇，但安全生产中介服务机构多数集中在大中城市，乡镇街道的安全生产中介服务机构少之又少；安全生产中介机构服务内容单一，远远不能满足中小企业安全生产咨询服务的需求。

2. 对安全生产标准化的支撑作用不足

在创建安全生产标准化的过程中，对于安全条件较好、安全管理水平较高的企业，可以不用专业辅导实现自主创建；但大量创建安全生产标准化的中小型企业安全生产基础薄弱，缺乏安全专业技术及管理人才，需要社会化服务机构对其进行培训辅导。但目前安全生产标准化咨询单位和评审单位的工作质量总体不高，服务不规范，弱化了安全生产标准化对提升企业安全管理水平的应有作用，进而影响到企业创建安全生产标准化的积极性。例如，西南地区云南、贵州、四川等省份反映，从市县监管部门到煤矿企业，均存在专业技术力量不足的问题。煤矿想开展但不会开展、"心有余而力不足"的情况在西南地区普遍存在，亟待加强专业人员培训，提高人员素质。又例如，有的评审组织单位和评审单位专业技术力量不足，评审人员水平不高，现场评审走过场，评审报告照搬照抄、生搬硬套，甚至弄虚作假；或者评审过程不规范，把关不严，掌握标准尺度较为宽松，存在把关不严和缺项漏项的现象；或者开展安全标准化工作标准不高，在开展安全标准化工作时，只是简单按照评定标准的内容，注重软件台账资料的制订，不重视作业现场的安全规范化管理；或者单纯对标检查，认为标准化工作是为企业查隐患，未对企业自主安全管理体系建设提出有效建议，造成部分通过达标评审的企业问题重重，创建质量不高。

3. 监管执法力度不足

当前，安全生产社会化服务领域市场秩序混乱、不正当竞争、不诚信经营等问题仍十分突出，这与安全生产社会化服务机构的监管体系不够完善、监管手段不够有效，有很大关系。一是服务机构违法违规很难被发现，即使被发现，也缺乏相应的处罚机制，或者受到的处罚也不够严厉；二是缺乏统一的职业准则、服务标准，没有相应的从业行为负面清单、检查规则和处罚依据，行业自律不够；三是没有统一的信用信息平台，社会公众不能及时查询了解服务机构的信用信息情况，服务机构不守信用的成本很低；四是安全监管部门由于执法资源有限，对服务机构的日常监管职责难以落实到位，而且服务机构一般跨区域从业、流动性大、项目点多面广，再加上机构注册地和从业地监管机构的监督检查职责划分不够清晰，造成监管难度更大；五是安全监管部门、行业主管部门、行业协会、纪检监察部门等缺乏协调配合和综合监管，没能形成综合统一的监管体系。

4. 协会组织承接行业自律管理职能的能力准备不足

近几年来，一些安全生产专业服务机构的资质审批陆续取消，对行业协会承接安全生产专业服务机构行业自律管理的能力和水平提出挑战。例如，广东省就将乙级和丙级专业技术服务机构资质交给行业协会审批。借鉴发达国家的经验做法，其协会组织承担了政府转移出来的大量职责，在提供适用性技术培训、开展服务资格认证、实施行业管理和人员资格管理等方面开展了大量工作，对维护行业秩序、促进行业健康发展起到了主要作用。这是市场经济发展到一定阶段的产物。而我国协会组织存在政会混合、缺乏年轻有为的专业人才、服务不到位、社会公信力弱等问题，导致企业对协会组织缺乏认同感，协会组织不能通过自身的作为增加实力，难以走上自我管理、自我服务、自我生存、自我发展的道路，发挥应有的作用。

（三）政府部门管理引导亟需加强

1. 安全生产技术服务机构审批监管需改进

按照目前对安全生产评价、检测检验、职业卫生专业技术服务机构资质的行政审批和监管体制，对这些机构的日常监管职责难以落实到位。甲级机构资质由应急管理部审批，且甲级机构跨省（区）从业，应急管理部目前无能力对甲级机构的资质保持情况和从业行为实施日常监管，谁审批谁负责的责任体系无法落实到位；虽然总局已明确甲级机构日常监管职责由省级安全监管监察部门履行，但由于甲级机构跨省（区）从业、流动性大、项目点多面广，省厅局同样也无法对甲级机构实施有效的日常监管；乙级机构由省厅局审批，但该类机构在同一省区内也存在跨市县从业、日常监管难以落实到位的问题。另外，对机构资质实行甲乙级分级管理，不符合国家改革行政审批事项的有关要求，也不符合《安全生产法》的有关规定精神。

2. 安全生产科技转化推广投入不足

当前，安全生产科技推广使用与技术标准和安全生产重大技术装备国家税收特惠政策管理联系不紧密，成果转化和技术推广评估与认证体制不完善，所以，科技人才和科技机构的创新动力不足。而且，应急管理部在中央财政预算中没有安全生产科技专项经费，科技攻关、成果转化、技术推广方面缺少引导性资金，支撑平台、重点实验室建设和科普宣传等方面缺少基础性投入，政府购买服务能力不足。

3. 对安全生产培训考核的投入不足

由于历史原因，许多培训机构同时也是考核机构，考核所需的经费往往依靠培训时收取的经费补贴。推行"教考分离"以来，考核机构独立运行缺乏稳定的资金支持。部分地区财政禁止考试收费，部分地区允许收取的考试费用不足以支撑考试机构的运行。而根据现行法律法规，也缺乏地方财政为考试机构进行拨款的渠道，导致安全培训"教考分离"难以推行。按国家相关规定，普通企业的主要负责人和安全管理人员、从业人员的培训大纲和考核标准应由省级安监管理部门负责，但很多培训大纲和考核标准仍处于空白。各地安全培训工作进度差距较大，经济发达地区在考核平台建设、培训教材等方面进展较快，经济不发达地区的安全培训工作进展缓慢。

（四）安全科技支撑体系不完善

1. 安全生产基础理论和重大关键技术需进一步突破

随着经济发展对能源的需求与依赖日益加大，受资源环境影响，矿井开采深度不断延伸，各种危险因素生成、演化与流动规律突变。危险化学品生产企业进园区后，一体化安全保障技术要求愈来愈高。生产制造设备和装置成套大型化、生产自动化、决策智能化，对安全监测监控传感技术、信息处理技术、物联网、云计算超前感知系统，应急救援装置大型、专业、配套和信息传输无域限、无时限、可视化、智库系统建设等技术研究和攻关，仍不能满足日益增长的安全生产发展需要，安全生产基础理论和重大关键技术研究亟待深化，创新能力亟待提高。

2. 安全生产科技基础相对较差

支撑安全生产科技研发的检测检验、科学试验、技术支撑平台建设相对滞后，安全生产科技基础相对较差，整体规划和系统设计不完善，存在条块分割、布局不合理、配置不均衡、缺乏全社会共享机制等问题。

3. 安全生产科技成果转化率较低

高校基础理论研究、科研院所应用技术研究与企业实际需求结合不紧密，基础理论研究项目少，应用技术低水平、重复研究项目多，成果转化率低、安全产业化率低，新技术、新产品、新材料、新工艺宣传推广力度不够，升级换代机制尚未建立，市场化运作活力不强。安全生产科技成果转化与技术推广经济政策扶持较弱，国家财政、金融、信贷、税收、保险等手段尚未在安全生产科技成果转化和产业化发展中发挥应有作用。

4. 安全监管信息化程度不高

全国安全生产信息化建设基本上处于各地各自为政的状态，缺乏系统性、全局性的顶层设计，没有统一的建设标准，地区、部门间不能互通互联和数据共享，系统重复建设、数据重复报送问题突出。部分地区安全生产信息化资金投入不足，系统建设严重滞后，监管效率低下。

（五）安全宣传教育体系不够健全

1. 安全知识和安全技能培训不到位

以农民工为例，这支在我国工业化、城镇化进程中涌现出的新型劳动大军，是推动我国社会经济发展的重要力量，为我国农村发展、城市繁荣和现代化建设做出了重要贡献。但是，由于多种原因，造成当前农民工整体文化素质较低，安全意识淡漠，缺乏必要的安全知识和自我防范能力，尤其是矿山、建筑施工等高危行业农民工占80%以上，给安全生产带来很大压力。据统计，近几年发生的生产安全伤亡事故，90%以上是由于人的不安全行为造成的，80%以上发生在农民工比较集中的小企业；每年职业伤害、职业病新发病例和死亡人员中，半数以上是农民工。

在小微、私营企业工作的人员和广大的农民工具有较高的流动性，企业更不愿意对这部分人员进行投入。即使如上海市为农民工提供免费安全培训，企业主怕耽误工时也不愿意让农民工参加。这部分弱势群体人员很难得到足够的安全培训，成为安全培训全员覆盖工作中的盲区和死角。

2. 安全生产宣传教育需进一步落到实处

对安全生产宣传教育体系建设的重要性认识还不到位，没有充分认识宣传教育工作在安全生产工作当中的重要位置，没有把加强宣传教育工作视为重要治本之策。

此外，安全培训内容与质量亟需提高。从业人员大部分是成年人，机械记忆力、感知能力逐渐下降，更偏向于逻辑记忆和意义记忆。一些培训教师照本宣科，以教育未成年人的方式授课，教学缺乏吸引力和感染力，使培训效果大打折扣。部分培训机构不注重培训需求调研，课程设计针对性不强，培训内容与实际贴得不紧，培训课时不够，教材教案陈旧，办班规模过大，不能针对企业安全生产暴露的安全隐患、安全技术和管理难题，及时提供相应的培训服务。没有针对员工特别是农民工文化素质低、接受能力差的特点，采取有效的方法措施对员工进行培训。

3. 队伍建设和资金的不足影响宣传工作的开展

目前，一些安全监管监察机构，尤其是基层安全监管监察机构，由于工作任务繁重、人手有限，无暇顾及宣传工作，有的根本无专门宣传机构、固定人员负责此项工作，更谈不上保证所需的资金和设备，遇事只能临时抱佛脚，随便应付一下；有的即使给相应的机构赋予宣传职能并设置了专门人员，但由于其他工作挤占大量时间，使其无法对宣传工作进行系统思考和深入研究。

此外，资金有限也成为制约宣传工作正常开展的重要因素。如河南省安监局曾与《河南日报》合作设立的每月一期的安全生产专版、与河南电视台新农村频道联办的《安全中原》栏目，均因经费不足而中途停办。长此以往，媒体的合作积极性势必受影响。虽然目前多数地方政府已考虑到宣传工作的资金投入问题，给予相应的财政拨款，但有限的资金往往在开展新闻宣传时显得捉襟见肘。资金不足也是困扰地方宣传网站建设和发展的一个重要因素。很多网站都存在资金和人力投入不足的问题。

4. 制度建设跟不上形势的要求

随着安全生产形势的不断变化，安全生产宣传教育的形式模式也不断变化，新媒体的发展更给安全生产带来很多的机遇和挑战，安全生产宣传教育的很多制度已不适应时代的要求，必须进行完善和创新。迫切需要建立和完善安全生产宣传教育制度如新闻管理制度、新闻发言人制度、网评员制度、信息公开制度等。

5. 新媒体运用尚有不足

随着互联网的不断普及，随着微博、微信等新媒体的崛起，互联网已经成为宣传教育的主战场。但是，在新媒体运用上明显滞后，不论是微博群、微信群等基础建设，还是善于使用新媒体开展安全生产宣教工作的队伍建设，都处于自发和起步状态，不适应时代发展的要求。

三、加强安全基础保障能力的措施建议

（一）完善安全投入制度

1. 加大安全生产投入

安全生产投入是安全生产的前提和保障。目前，中央和大部分地方财政均以不同形式设立了安全生产专项资金。2015 年，国家在清理整顿专项资金的情况下，专门设立了安全生产及应急救援资金，并出台了《安全生产预防及应急专项资金管理办法》，在中央层面对资金管理和使用作了具体要求。在此基础上，要持续加大安全投入，规范安全生产预防及应急专项资金管理，强化审计监督，管好、用好这些专项资金。

2. 完善《安全生产专用设备企业所得税优惠目录》

市场经济条件下，政府对安全生产实施监督管理主要依靠法律、行政和经济手段。要进一步研究健全完善各项经济政策，不断调整优化，充分发挥引导推动作用。《安全生产专用设备企业所得税优惠目录》(简称《目录》)是经国务院批准,由财政部、原税务总局、原安全监管总局联合制定的,规定企业购置并实际使用列入《目录》范围内的安全生产专用设备,可以按专用设备投资额的10%,抵免当年企业所得税应纳税额。自2008年《目录》修订以来,我国产业结构已发生了较大变化,新设备、新技术、新材料不断出现,客观上要对《目录》内容进行适时调整,完善相关条款,扩大优惠范围和力度。

3.建立企业增加安全投入的激励约束机制

2004年,财政部牵头制定了《煤炭生产安全费用提取和使用管理办法》,规定煤炭生产安全费用的提取和使用由企业自行管理,以后逐步扩大到烟花爆竹、非煤矿山、危险化学品、民用爆炸物品、交通运输、建筑施工等高危行业领域;2012年2月,又修订发布了《企业安全生产费用提取和使用管理办法》,扩大到冶金、机械制造、军工等行业领域,提高了提取比例,拓展了使用范围,明确了财务管理要求。要完善激励约束机制,制定相关优惠政策,调动企业增加安全投入的积极性,确保足额提取和使用安全生产费用。

4.引导企业集聚发展安全产业

安全产业是为安全生产、职业健康、防灾减灾、应急救援等安全保障活动提供专用技术、装备和服务的新兴基础产业,是安全生产由"人防"向"技防""物防"发展的主要实现途径。为促进安全产业集聚和发展,必须健全投融资服务体系,鼓励支持引导金融机构和社会资本加大对安全产业的投入和支持,制定产业规划和标准,引导企业集聚发展灾害防治、预测预警、检测监控、个体防护应急处置及安全文化等技术、装备和服务产业。

(二)建立安全科技支撑体系

1.统筹支持安全生产领域科研项目与研发基地建设

安全生产必须紧紧依靠科技进步,以科技创新驱动安全发展。要把安全科技纳入国家科技创新规划,优化整合年度国家科技计划,加大对安全生产科研项目的支持力度,推动安全生产科技工作深入发展。同时,加强国家级重点实验室、工程技术研究中心、博士后工作站研发基地建设,强化支撑保障能力。

2. 加快安全生产关键技术装备研发、推广和应用

科技创新是安全生产的重要保障，也是遏制重特大生产安全事故的重要支撑。一是以安全生产科技需求为纽带，围绕安全生产面临的重大科技问题，整合国内优势科技资源，发挥科研院所和高校安全生产科技创新的优势作用，积极推动开展事故预防理论研究，加强重点行业和领域安全关键技术装备研发，力求取得突破性成果，切实解决困扰安全生产的理论和技术难题；二是坚持开发与应用并重。加强产、学、研的结合，打造安全生产重大科技成果研发、试验、检测、孵化、生产、应用、推广功能完整的安全生产技术支撑链，形成门类齐全、领域广泛、布局合理、支撑有力的支撑平台，促进安全科技转变为保障安全生产的现实生产力。三是加强工业机器人、智能装备的研发应用，利用信息化、自动化技术，在高危行业领域通过"机器化换人、自动化减人"减少危险工序和环节的作业人员，避免事故造成人员伤亡，强化安全生产保障能力。例如，浙江省化工产业产值居全国前列，省政府在财政上连续 6 年给予资金支持，积极推进危险岗位"机器换人"计划，在事故控制和化工产业升级方面取得了明显成效，并培育出一批技术领先的智能集成设备制造企业。

3. 加快安全生产信息化建设

加强信息化建设对增强安全生产监督管理部门监管能力、提高行政效率、规范执法行为具有重要保障和促进作用。要依托国家电子政务外网、互联网和现有软硬件资源，以安全生产数据为基础，按照国家统筹规划，中央、地方政府和企业分级分步建设相结合的思路，构建覆盖国家安全生产监督管理部门、国务院安全生产委员会有关成员单位、省级安全生产监督管理部门、地方煤炭行业管理部门、生产经营单位（煤矿、非煤矿山、危险化学品、烟花爆竹、工贸等行业领域）、中介服务机构、社会公众等 7 类用户的国家安全生产监管信息平台，建成纵向从国家应急管理部到地方各级安全生产监管监察部门，横向由各级安全生产监督管理部门到本级安全生产委员会成员单位、重点生产经营单位的资源共享、互联互通的安全生产监管信息平台，构建安全生产与职业健康信息化全国"一张网"，实现安全生产基础信息规范完整、动态信息随时调取、执法过程便捷可溯、应急处置快捷可视、事故规律科学可循，全面提升安全生产监管监察信息化水平。

4. 加强安全生产理论和政策研究

安全生产政策反映了党和政府安全生产工作的基本方针、重大原则和阶段性对策措施，对建立安全生产工作激励约束机制和长效机制，正确认识安全生产与经济社会发展的关系，调动企业、政府及社会各方面安全生产的积极性具有重要推动作用。要加快推动安全生产形势持续稳定好转，必须不断创新安全生产理论，做好安全生产政策研究工作，强化理论政策的导向作用，尽快形成符合国情、符合实际的安全生产政策体系，更好地指导安全生产工作。同时，要大力运用安全生产"大数据"技术，在安全生产领域推进"循数管理"，加强对安全生产规律性、关联性特征的分析，强化科学预判和决策作用，提高安全生产科学化决策水平。

（三）健全社会化服务体系

1. 培育多元化服务主体

安全生产专业技术服务机构是政府安全生产监管和企业安全生产管理工作的重要支撑力量。要坚持服务于企业安全生产、政府安全监管、公众安全教育，坚持专项服务与综合服务相结合，充分发挥市场作用，将安全生产专业技术服务纳入现代服务业发展规划，培育多元化服务主体。一是建立政府购买安全生产服务制度。十八届五中全会提出，创新公共服务提供方式，能由政府购买服务提供的，政府不再直接承办。对于安全生产工作，就是要把安全生产监督管理部门负责的部分公共服务事项以及履职所需要服务事项，依法依规通过政府购买服务的形式，交给具有条件的事业单位、行业组织和技术服务机构承担。二是鼓励中小微企业订单式、协作式购买运用安全生产管理和技术服务。当前，中小微企业普遍存在安全技术管理人员缺乏、安全基础薄弱等问题，要实施多元化的服务模式，鼓励企业根据实际情况通过委托、合作的方式购买安全管理技术服务，提高安全生产整体水平。一种是企业委托服务模式。企业选择安全生产服务外包的对象，与安全生产专业服务机构签订服务外包合同；另一种是协作互助模式。同一区域或同一行业的企业，组成安全生产管理协作小组，互助开展安全生产工作。

2. 激活和规范安全生产和职业健康专业技术服务市场

充分发挥市场机制推动作用，逐步改革现有行政许可式的市场准入模式，按照中央简政放权的要求，合理发挥市场资源优化配置作用，建立市场主导、企业自主、政府监管、行业自律的安全评价、检测检验监管体系。一是依据《国务院办公厅关于清理规范国务院部门行政审批中介服务的通知》，改革安全生产和职业健康技术服务机构资质管理办法，加强日常监管。二是推进安全生产和职业健康一体化工作，支持有基础的技术服务机构整合资源，对同一企业、同类事项实行安全生产和职业健康一体化评价、检测等服务。三是针对个别地区安全评价与检测检验服务机构行为不规范，从业人员依法守法意识不强，评价报告质量不高、作用发挥不明显等问题，实施评价公开制度，通过网上公开等方式，强化社会监督，提高安全评价专业技术服务水平，切实发挥技术服务对事故预防的保障作用。

3. 加强安全生产和职业健康技术服务机构管理，强化专业化行业组织自治自律

一是通过信用评定、公示等制度化建设，规范安全生产与职业健康技术服务机构从业行为，严肃查处租借资质、违法挂靠、弄虚作假、垄断收费等违法违规现象，强化诚信意识，维护公平公正、竞争有序的技术服务体系，确保安全生产中介服务工作的科学性、严肃性。二是理顺安全生产监督管理部门与相关行业组织之间的关系，明确相关协会组织职能，通过委托、授权或政府购买服务等方式，将适宜协会承担的有关安全生产和职业健康法规标准起草、示范创建、相关资质管理等公共服务和管理事项，可通过竞争方式交给行业组织承担。同时，坚持行政监管指导与行业自律相结合，把实施行业自律作为行业组织的重要职责，加强对技术服务机构的指导和管理。

4. 完善注册安全工程师制度

注册安全工程师制度是《安全生产法》明确规定的一项法律制度。2015年5月出台的《国务院关于取消非行政许可审批事项的决定》将注册安全工程师执业资格认定作为非行政许可类审批事项予以取消，注册安全工程师的资格类别、管理方式等面临改革调整。要坚持严格标准、规范有效、科学管理的原则，完善注册安全工程师管理制度。制定安全技术能力水平考核认定办法，建立完善考核管理制度；根据行业领域安全生产特点，将注册安全工程师划分专业类别，实施分类分级管理。

（四）发挥市场机制推动作用

1. 建立健全安全生产责任保险制度

安全生产责任保险制度在国外是一项成熟的保险制度，具有风险转嫁能力强、事故预防能力突出、注重应急救援和第三者伤害补偿等特点，对维护生命财产安全作用明显。应当借鉴国外经验，取消安全生产风险抵押金制度，建立完善相关法律法规，建立安全生产责任保险制度，坚持防控风险、费率合理、理赔及时、互利共赢的原则，在矿山、危险化学品、烟花爆竹、交通运输、建筑施工、民用爆炸物品、金属冶炼、渔业生产等高危行业领域强制实施，充分运用保险价格杠杆的手段，调动社会相关方积极性，共同为企业加强安全生产工作提供保障。

2. 完善工伤保险制度

针对现有的工伤保险存在资金占用大、利用率低、未实现效益最大化和使用效率最优化等问题，需要进行体制性和制度性改革，必须完善工伤保险制度，制定和实施工伤保险事故预防费用的提取比例、使用和管理办法，从工伤保险费中提取一定比例资金，专门用于事故预防工作。

3. 积极推进安全生产诚信体系建设

要完善社会信用体系。推进安全生产诚信体系建设，是督促落实安全生产责任制的重要途径。应当落实《关于对安全生产领域失信生产经营单位及其有关人员开展联合惩戒的合作备忘录》，通过全国信用信息共享平台向全国企业信用信息公示系统及各部门相关系统即时提供安全生产领域存在失信行为的生产经营单位及有关人员相关信息，在安全监管总局政府网站、"信用中国"网站和企业信用信息公示系统向社会公布。各有关部门根据生产经营单位及有关人员失信行为严重程度，依法依规对其实施联合惩戒。

（五）健全安全宣传教育体系

1. 加强安全教育培训

一是将安全生产监督管理纳入各级党政领导干部培训内容，进一步强化党政领导干部安全生产红线意识和底线思维，牢固树立安全发展观念，提升安全生产监管水平。例如，《云南省安全生产党政同责暂行规定》提出，要建立安全生产学习制度。各级党委（党组）中心组每年至少安排1次集体学习，专题学习安全生产有关法律法规和重大方针政策、典型事故案例等，各级党校（行政院校）要将安全生产纳入干部培训教育内容。二是把安全知识普及纳入国民教育，建立完善中小学安全教育和高危行业职业安全教育体系。系统规划和科学设定各层次安全教育的目标定位、原则要求、实施路径，编写安全知识教育读本，发挥课堂教学主渠道作用，分阶段、分层次安排安全教育内容。三是把安全生产纳入农民工技能培训内容，把安全生产纳入"阳光工程"，针对农民工文化素质低、接受能力差的特点，采取通俗易懂、生动有效的培训方法和措施，加强农民工安全生产教育培训，切实提升安全意识和素质。四是严格落实企业安全教育培训制度。提高全员特别是生产一线岗位员工的安全意识，规范作业行为，切实做好岗前三级培训和复训，做到先培训、后上岗，实现岗位达标，才能有效减少和杜绝"三违"现象，全面提升现场安全管理水平。

2. 推进安全文化建设

安全文化是安全生产工作的重要组成部分，要推进安全文化建设，创新方式方法，积极培育先进的安全文化理念，持续组织开展"安全生产宣传月"等丰富多彩的活动。加强生产安全事故警示教育，推动建立安全生产警示教育馆、安全体验馆等基地，提升全民安全意识和法制意识，推动社会各界重视、参与和支持安全生产工作。

3. 加强安全生产公益宣传和舆论监督

习近平总书记指出，要加强安全公益宣传，健全公共安全社会心理干预体系，积极引导社会舆论和公共情绪，动员全社会的力量来维护公共安全。因此，一要发挥工会、共青团、妇联等群团组织作用，搭建安全生产工作载体，开展群众性安全生产活动，依法维护职工群众的知情权、参与权与监督权。二要充分发挥中央和地方主流媒体作用，加大安全生产信息传播力度和覆盖面。围绕事故警示教育、安全科普、安全提示等角度进行选题策划，借助视频、广播、平面等媒介多渠道制作公益广告，形成一批精品栏目和艺术作品，并推荐在中央主流媒体、地方各级媒体和新媒体平台播出刊发，引导广大民众关心关注参与安全生产。三要健全公众参与监督的激励机制，充分发挥媒体舆论监督作用。加强"12350"安全生产举报电话管理，做好与社会公共管理平台的对接，完善举报投诉机制，鼓励群众积极举报安全生产领域违法行为，做到及时接听、及时核实处理、及时答复，采取有力措施保护举报人个人信息及人身安全，并确保举报奖励发放到位。四要充分发挥社会公众力量，积极组织开展安全生产志愿服务进机关、进企业、进学校、进乡村、进社区、进家庭以及人员聚集场所，广泛宣传安全生产法律法规常识。鼓励开展慈善事业，通过设立慈善基金、开展慈善捐款等方式，助力安全生产，强化安全基础保障和事故救助救援能力。

4. 加强安全生产国际交流合作

发达国家普遍经历了生产安全事故上升、高发、下降、平稳的发展历程，在促进安全发展尤其是事故预防方面有很多好的经验和做法。各级政府监管部门及机关企业要通过加强国际交流与合作，拓宽国际视野，学习、借鉴和吸收国外安全生产与职业健康先进技术和理念、管理方面的有益经验，大力提升我国安全生产工作整体水平。

参考文献

［1］朱义长.中国安全生产史［M］.北京：煤炭工业出版社，2017.

［2］王显政.安全生产与经济社会发展报告［M］.北京：煤炭工业出版社，2006.

［3］刘铁民.中国安全生产60年［M］.北京：中国劳动保障出版社，2009.

［4］中国安全生产协会，国家安全生产监督管理总局信息研究院.2013中国安全生产发展报告［M］.北京：煤炭工业出版社，2014.

［5］谢宏.安全生产基础理论新发展［M］.广州：世纪图书出版公司，2015.

［6］罗云，赵一归，许铭.安全生产理论100则［M］.北京：煤炭工业出版社，2018.

［7］国家安全生产监督管理总局技术委员会政策法规组.《中华人民共和国安全生产法》要点读本［M］.北京：煤炭工业出版社，2014.

［8］王抒祥.安全生产法律法规汇编［M］.成都：电子科技大学出版社，2013.

［9］科学技术部专题研究.国际安全生产发展报告［M］.北京：科学技术文献出版社，2006.

［10］周慧.安全与发展：中国安全生产理论与实践创新［M］.北京：北京大学出版社，2006.

［11］赵一归.部分地区安全监管体制改革进展及建议［J］.劳动保护，2018年第12期

［12］肖兴志，宋晶.政府监管理论与政策［M］.大连：东北财经大学出版社，2006.

［13］罗云，黄毅.中国安全生产发展战略–论安全生产保障五要素［M］.

北京：化学工业出版社，2005.

［14］国家安全生产监督管理总局.《安全生产"十二五"规划》辅导读本［M］.北京：气象出版社，2012.

［15］编写组.《中共中央 国务院关于推进安全生产领域改革发展的意见》学习读本［M］.北京：煤炭工业出版社，2016.

［16］应急管理部编写组.《深入学习贯彻习近平关于应急管理的重要论述》［M］.北京：人民出版社，2023.

［17］赵一归.把握推进城市安全发展的四维向度［N］.中国安全生产报，2018年4月3日理论版.

［18］刘毅.我国安全产业重点领域及产品BCG分析［J］.中国安全生产，2018年第7期.

［19］刘毅.发达国家安全生产发展规律及启示［J］.现代职业安全，2018年第7期.

［20］刘毅，樊劭.发达国家煤矿安全发展历史及经验分析［J］.中国煤炭，2018年第10期.

［21］李德洁.我国安全生产责任保险的特征与实施［J］.劳动保护，2018年第2期.